Abdessalem Benammar

Déconvolution des signaux ultrasonore

Abdessalem Benammar

Déconvolution des signaux ultrasonore

Application au contrôle ultrasonore des matériaux

Presses Académiques Francophones

Impressum / Mentions légales

Bibliografische Information der Deutschen Nationalbibliothek: Die Deutsche Nationalbibliothek verzeichnet diese Publikation in der Deutschen Nationalbibliografie; detaillierte bibliografische Daten sind im Internet über http://dnb.d-nb.de abrufbar.

Information bibliographique publiée par la Deutsche Nationalbibliothek: La Deutsche Nationalbibliothek inscrit cette publication à la Deutsche Nationalbibliografie; des données bibliographiques détaillées sont disponibles sur internet à l'adresse http://dnb.d-nb.de.

Coverbild / Photo de couverture: www.ingimage.com

Verlag / Editeur:
Presses Académiques Francophones
ist ein Imprint der / est une marque déposée de
OmniScriptum GmbH & Co. KG
Heinrich-Böcking-Str. 6-8, 66121 Saarbrücken, Deutschland / Allemagne
Email: info@presses-academiques.com

Herstellung: siehe letzte Seite /
Impression: voir la dernière page
ISBN: 978-3-8416-2971-5

2

Résumé

Ce travail de thèse concerne l'étude et l'implémentation des méthodes de traitement des signaux ultrasonores basées sur la déconvolution, appliquées à la détection des défauts de délaminage présents dans un matériau composite multicouches du type CFRP. Le signal ultrasonore mesuré est modélisé sous la forme d'un produit de convolution entre une fonction représentative de la forme d'onde émise par le traducteur ultrasonore et une fonction appelée réflectivité. Le problème de l'échographie ultrasonore consiste à essayer de reconstruire le plus précisément possible la séquence de réflectivité. Compte tenu de la définition du modèle direct, le problème inverse spécifique traité dans cette thèse est celui de la déconvolution. La résolution de cette classe de problèmes se heurte à deux difficultés liées d'une part à la présence de bruit et d'autre part à la perte d'informations due à la convolution. Le problème de la déconvolution est donc de remonter à la "bonne" solution, c'est-à-dire celle qui est physiquement significative. Dans cette thèse, les méthodes de déconvolution qui sont divisées en trois grandes catégories : déterministe, semi aveugle et aveugle, ont été étudiées, implémentées, adaptées aux signaux ultrasonores et appliquées au contrôle des matériaux composites. Les résultats obtenus sur divers signaux ultrasonores synthétiques et expérimentaux attestent de la robustesse et des performances de ces méthodes.

3

REMERCIEMENTS

Je profite de cette opportunité pour remercier en premier lieu Dieu, le tout puissant, de m'avoir donné autant de courage, de patience et de volonté pour atteindre ce but.

De l'autre coté, ce travail ne pouvait aboutir sans l'aide et l'encouragement que j'ai reçu, de la part de plusieurs personnes.

J'exprime ma gratitude à mon directeur de thèse, Monsieur R. DRAI, Maître de recherche et chef de Laboratoire de Traitement du Signal et de l'Image du Centre de recherche Scientifique et Technique en Soudage et Contrôle (Chéraga), pour m'avoir encadré pendant ces années. Je le remercie pour ses précieux conseils, pour l'intérêt qu'il a porté à mon travail, sa disponibilité et sa patience.

Je tiens à remercier Monsieur A. GUESSOUM, Professeur à Université Saâd DAHLAB de Blida, pour l'intérêt qu'il a porté à ce travail et lui exprime ma reconnaissance pour avoir bien voulu être le co-directeur de cette thèse.

Je remercie vivement Monsieur H. SALHI, Maître de conférence à la Faculté des Sciences de l'Ingénieur de l'Université Saâd DAHLAB de Blida, pour m'avoir fait l'honneur de présider le jury.

Ma profonde gratitude va à Monsieur H. DJELOUAH, Professeur à l'USTHB, pour avoir bien voulu consacrer du temps à l'examen du manuscrit. Je le remercie vivement de m'avoir honoré par sa participation au jury de thèse.

Mes remerciements vont également à Melle N. BENBLIDIA, Maître de conférence à la Faculté des Sciences de l'Ingénieur de l'Université Saâd DAHLAB de Blida, pour l'intérêt qu'elle a accordé à mon travail et pour avoir accepté de participer au jury.

Mes remerciements vont aussi à Monsieur M. BENZOHRA pour ses conseils dans la rédaction des différentes publications.

Je voudrais aussi exprimer mes sincères remerciements à tous mes collègues du CSC, pour leurs encouragements et pour avoir, d'une manière ou d'une autre, contribué à ce travail.

Enfin, il m'est extrêmement agréable de remercier particulièrement mon épouse pour sa présence, son soutien, et ses encouragements permanents.

4

TABLE DES MATIERES

CHAPITRE 1 : LA DECONVOLUTION ET SON APPLICATION AUX

SIGNAUX ULTRASONORES

CHAPITRE 2 : DECONVOLUTION DETERMINISTE

CHAPITRE 3 : DECONVOLUTION SEMI AVEUGLE

LISTE DES ILLUSTRATIONS, GRAPHIQUES ET TABLEAUX

LISTE DES SYMBOLES ET DES ABREVIATIONS

ABRÉVIATIONS

AR	: Modèle Autorégressif
ATF	: Adaptive Thresholding Function
BG	: Processus Bernoulli-Gaussien
BSS	: Blind Source Separation
CFRP	: Carbon Fiber Reinforced Polymer Multi-Layered Composite Materials
CND	: Contrôle Non Destructif
CRLB	: Cramer-Rao Lower Bounds
CWT	: Continuous Wavelet Transform
DCT	: Discrete Cosine Transform
DRN	: Déconvolution par les Réseaux de Neurones
DWT	: Discrete Wavelet Transform
EM	: Expectation Maximization
EP	: Epaisseur de la Pièce
EQM	: L'erreur Quadratique Moyenne
FISD	: Fifth-Order Statistics Deconvolution
FMED	: Minimum Entropy With Frequency-Domain Constraints
GN	: Gauss Newton
GPR	: Ground Penetrating Radar
HRP	: High-Resolution Pursuit
IRLS	: Iterative Reweighted Least Squares
LMS	: Least Mean Square
MA	: Moyenne Ajustée
MED	: Déconvolution à Minimum d'Entropie
MED-CLPD	: Déconvolution Parcimonieuse (Claerbout's Parsimonious Deconvolution)
MEDD	: Minimum Entropy Deconvolution D Norm
MED-EXP	: Déconvolution MED avec Transformation Exponentielle
MLD	: Maximum Likelihood Deconvolution
MP	: Matching Pursuit
MV	: Maximum de Vraisemblance
OL	: Ondes Longitudinales
OT	: Ondes Transversales
PL	: Programmation Linéaire
RIV-MVD	: Recursive Instrumental Variables Maximum Likelihood Deconvolution
RSD	: Residual Steepest Descent
SAGE	: Space Alternating Generalized Expectation Maximization
SISD	: Sixth-Order Statistics Deconvolution
SMLR	: Single Most Likely Replacement
SNR	: Signal-to-Noise Ratio
STFT	: Short-Time Fourier Transform (Transformée de Fourier à Court Terme)
TF	: Temps Fréquence
THSD	: Third-Order Statistics Deconvolution
UWT	: Undecimated Wavelet Transform
WHT	: Walsh-Hadamard Transform
WMED	: Wiggins' Minimum Entropy Deconvohtion
WVD	: Wigner-Ville Distribution

SYMBOLES & NOTATIONS

$y(t)$	: signal A-scan mesuré
$h(t)$	: réponse impulsionnelle du système
$r(t)$	: réflectivité
$b(t)$	: bruit
τ	: retard
σ_b^2	: variance du bruit.
λ_i	: $i^{ème}$ valeur singulière de la matrice H.
t(k)	: échantillon k de la séquence de Bernoulli .
n_e	: nombre de réflecteurs non nuls présents dans une séquence t donnée
$Diag\{t(k)\}$	: matrice diagonale dont les éléments de la diagonale sont les échantillons

t(k) .

$\|\cdot\|$	: symbole représentant la norme .
*	: opérateur de convolution temporelle
H^T	: transposée de la matrice H.
$\triangleq$	: "par définition égal à"
$\propto$	: "proportionnel à"
α	: alpha
β	: beta
Γ	: gamma
Δ, δ	: delta
ε	: epsilon
η	: eta
Θ, θ	: theta
λ	: lambda.
Π, π	: pi
ρ	: rho
σ	: sigma
τ	: tau
ϕ	: phi
μ	: mu
Ψ, ψ	: psi
%	: pourcentage
$\Re^N$	: ensemble des entiers naturels
$\arg\max_r [p(r)]$	: valeur de l'argument qui maximise p(r)

$y = col[y(1), y(2), ..., y(N)]$: Vecteur colonne composé des échantillons de y.

INTRODUCTION GENERALE

Le Contrôle Non Destructif (CND) joue un rôle important dans différents domaines, il permet de contrôler des matériaux ou des structures afin d'en vérifier l'état, ainsi que de détecter des défauts sans endommager les pièces inspectées. De nombreux domaines industriels ont recours à ce type de contrôle, parmi lesquels on peut citer: l'industrie des canalisations et du stockage notamment dans les secteurs du pétrole et du gaz, le nucléaire, l'automobile, le chemin de fer, l'aéronautique, l'aérospatial,...

Ce type de contrôle a pour but de détecter le ou les défauts présents dans la pièce. Il est important ensuite de les dimensionner et de les identifier, par exemple la taille d'une fissure détectée dans un matériau peut être incluse dans le calcul de la mécanique de la rupture afin d'estimer la durée de vie de ce matériau fissuré, et par conséquent, la durée de vie de l'installation industrielle.

Les méthodes de contrôle non destructif sont assez nombreuses, elles résultent de la mise en oeuvre des principes et techniques physiques; le choix d'une méthode de contrôle est guidé par la nécessité de reconnaître les défauts réputés que l'objet peut contenir. Après une étude bibliographique, nous avons pu avoir une idée globale sur les techniques de contrôle non destructif et de l'importance qu'elle revêt dans le domaine industriel.

Le choix d'une technique de contrôle dépend de la structure à examiner, des conditions dans lesquelles sera effectué le contrôle, ainsi que les contraintes de temps et de coût. Les différentes techniques utilisées dans le CND sont en perpétuelle évolution afin de répondre aux besoins de plus en plus croissants des industriels, mais elles ont également ouvert les portes du CND à des domaines moins « classiques » comme le contrôle des monuments historiques pour leur restauration ou le contrôle d'équipements sportifs dans le cadre de la sécurité. A cet effet, différentes techniques de contrôle non destructif, plutôt complémentaires que concurrentes, ont été développées et admettent en outre, des champs d'application différents. A ce titre, on peut citer la méthode de contrôle visuel la plus simple, la magnétoscopie, la radiographie et les ultrasons qui font l'objet de notre étude [1].

La méthode ultrasonore consiste à soumettre le matériau étudié à des ondes mécaniques ultrasonores. Ces ondes sont captées par un récepteur pour être enregistrées à l'aide d'une carte d'acquisition ou d'un oscilloscope. Cet enregistrement forme la trace échographique. Les ondes ultrasonores sont générées par un transducteur piézoélectrique qui, excité par une tension électrique, émet une onde mécanique. Le signal électrique d'excitation est délivré par un générateur d'impulsion. Le récepteur est également un transducteur piézo-électrique qui assure le transfert d'une onde mécanique en une onde électrique. A ce stade, nous distinguons deux techniques d'échographies: l'échographie en réflexion, qui utilise un seul traducteur pour l'émission et la réception, et l'échographie en transmission où l'émetteur et le récepteur sont deux traducteurs distincts [1].

La méthode ultrasonore s'intéresse aux ondes réfléchies et transmises par le matériau et plus particulièrement aux temps de vol. Ces derniers correspondent aux temps mis par les ondes pour parcourir une certaine distance. La mesure du temps de vol d'une onde permet de remonter à la vitesse des ondes acoustiques dans le matériau considéré, l'épaisseur de la couche étant connue. Dans le cas d'une expérience d'échographie en réflexion, les ondes reviennent vers le capteur après réflexion aux limites des couches de matériaux présentant une différence d'impédance acoustique, celle-ci étant définie comme le produit de la vitesse du son par la densité relative au milieu de propagation. Le rapport de l'amplitude de l'onde réfléchie sur celui de l'onde incidente définit le coefficient de réflexion. A incidence normale, le coefficient de réflexion s'exprime simplement à partir des impédances acoustiques des deux milieux situés de part et d'autre de l'interface.

Actuellement, les acquisitions des signaux ultrasonores sont réalisées de manière automatique. L'analyse de ces signaux est effectuée manuellement par un opérateur. Celui-ci sélectionne les signaux à analyser et recherche visuellement la présence de défauts. Il détermine ensuite précisément la position et les dimensions de ces défauts.

La possibilité d'acquérir une information permettant de caractériser les défauts en nature, en taille et en orientation a nécessité le développement de techniques plus évoluées qui sont regroupées sous le terme général de techniques de traitement du signal ultrasonore [2].

L'application des outils de traitement de signaux prend donc une place grandissante dans de nombreux domaines techniques et scientifiques, et en particulier, dans celui du contrôle non destructif [3].

Les opérations de localisation et de dimensionnement effectuées manuellement par l'opérateur peuvent aujourd'hui être réalisées par des algorithmes et techniques de traitement de signaux ayant fait l'objet de nombreuses recherches au cours des dix dernières années.

Elles se basent sur le fait que le signal ultrasonore reçu d'un défaut contient une somme d'informations délaissées par les techniques classiques. Ces dernières considèrent que l'information essentielle à prendre en compte est l'amplitude maximale de l'écho ultrasonore recueilli et ceci quelle que soit la nature des défauts.

Les techniques ultrasonores alliées aux méthodes de traitement du signal permettent l'identification ou la reconnaissance de formes et connaissent de ce fait, un essor rapide ces dernières années, non seulement dans le CND des matériaux (identification des défauts) mais également dans des domaines tels que l'acoustique sous-marine (identification d'objets) et l'échographie médicale (identification de tumeurs).

L'interaction entre l'onde et le matériau est un phénomène physique complexe qui dépend de nombreux paramètres. Certains sont liés au système d'émission et de réception des ultrasons alors que d'autres sont liés au matériau.

Afin d'extraire des données mesurées les grandeurs caractéristiques de la structure contrôlée, un modèle direct décrivant l'interaction entre l'onde ultrasonore et le matériau est développé. Ce modèle s'exprime sous la forme d'un produit de convolution.

Connaissant les données mesurées, la résolution du problème inverse permet de remonter aux grandeurs recherchées. Compte tenu de la définition du modèle direct, le problème inverse spécifique traité dans cette thèse est celui de la déconvolution. La résolution de cette classe de problèmes se heurte à deux difficultés liées d'une part à la présence de bruit et d'autre part à la perte d'informations due à la convolution.

La déconvolution est un traitement numérique qui a pour but de compenser les limitations physiques de l'instrument de mesure. C'est un problème ancien qui a fait l'objet de très nombreuses études. Malgré cela, ce problème est encore aujourd'hui largement étudié car il n'admet pas une solution unique [4].

Le but des différentes méthodes de déconvolution est de construire une solution qui soit une approximation physiquement acceptable et numériquement stable. Si l'objectif est similaire à toutes les méthodes, les concepts théoriques utilisés et les algorithmes développés sont eux extrêmement variés. Il n'existe pas une méthode de déconvolution universelle qui surpasserait toutes les autres. Il est d'ailleurs difficile de comparer les performances des différentes méthodes car les hypothèses explicites ou implicites propres à chaque algorithme font que les estimations sont meilleures pour certaines classes de signaux et moins bonnes pour d'autres.

Position du problème

Ce travail répond aux problèmes essentiels du Contrôle Non Destructif par ultrasons des matériaux à savoir: la résolution, la sensibilité et la détection des défauts. La problématique ainsi que l'objectif du travail réalisé, sont divisés en deux parties:

- La mesure de fines épaisseurs telles que les matériaux composites multicouches par des techniques classiques posent énormément de problèmes dans la détection d'échos superposés dans le temps. Dans ce but les méthodes déconvolution sont développées et sont appliquées pour la mesure de telles épaisseurs.
- En plus de la mesure des épaisseurs des matériaux composites, il s'agit de détecter des défauts de délaminage par les méthodes de déconvolution. Ce type de défaut réputé très dangereux, pose beaucoup de problèmes de détection aux experts CND. Dans ce contexte, nous proposons de développer et d'appliquer des algorithmes de déconvolution permettant non seulement de détecter les défauts de délaminage mais aussi leurs localisations dans les différentes couches du matériau.

Organisation du document

Dans le premier chapitre, nous étudions la déconvolution et son application aux signaux ultrasonores. Nous présenterons au début du chapitre les difficultés inhérentes à tout problème de déconvolution. Par la suite, nous présentons les méthodes de déconvolution appliquées au contrôle ultrasonore. Nous avons aussi présenté les problèmes des signaux ultrasonores résolus par la déconvolution, à savoir la détection des défauts dans les matériaux métalliques, la mesure des fines épaisseurs et le contrôle des matériaux composites.

Dans le chapitre 2, nous présentons deux méthodes de déconvolution déterministes. La première est une méthode d'estimation classique appelée méthode des moindres carrés. La deuxième méthode présentée basée sur le filtre de Wiener illustre l'apport d'une telle approche sur la qualité du signal estimé.

Dans le chapitre 3, nous proposons deux méthodes de déconvolution semi aveugle, la première est la déconvolution par minimisation d'une norme L^P et la deuxième est la déconvolution par le processus Bernouilli-Gaussienne.

Enfin, le quatrième chapitre expose, trois méthodes de déconvolution aveugle. La première méthode de déconvolution aveugle connue sous le nom de Déconvolution à Minimum d'Entropie (MED), quant à la deuxième méthode, il s'agit d'une méthode de déconvolution basée sur les réseaux de neurones en utilisant l'apprentissage par l'algorithme de rétro propagation. Enfin, la troisième méthode de déconvolution aveugle est basée sur un modèle analytique.

CHAPITRE 1

LA DECONVOLUTION ET SON APPLICATION AUX SIGNAUX ULTRASONORES

1.1. Introduction et étude bibliographique

Le contrôle non destructif par ultrasons a pour but de déterminer les caractéristiques internes d'un matériau à partir de l'observation des perturbations induites par les ruptures d'impédance acoustique du matériau sur une onde ultrasonore.

L'interaction entre l'onde et le matériau est un phénomène physique complexe qui dépend de nombreux paramètres. Certains sont liés au système d'émission et de réception des ultrasons alors que d'autres sont liés au matériau.

Afin d'extraire des données mesurées des grandeurs caractéristiques de la structure contrôlée, un modèle direct décrivant l'interaction entre l'onde ultrasonore et le matériau est développé. Ce modèle s'exprime sous la forme d'un produit de convolution.

Connaissant les données mesurées, la résolution du problème inverse permet de remonter aux grandeurs recherchées. Compte tenu de la définition du modèle direct, le problème inverse spécifique traité dans cette thèse est celui de la déconvolution. La résolution de cette classe de problèmes se heurte à deux difficultés liées d'une part à la présence de bruit et d'autre part à la perte d'informations due à la convolution.

A cause des limitations et des imperfections du système de mesure, la grandeur mesurée y diffère de la grandeur physique recherchée r. Dans le cas où le comportement du système est linéaire, les deux grandeurs sont reliées par une intégrale de première espèce:

$$y(t) = \int h(t,\tau) r(t) d\tau \qquad (1.1)$$

où $h(t,\tau)$ est la réponse impulsionnelle du système.

Si de plus, la réponse impulsionnelle $h(t, \tau)$ est invariante par translation (i.e. ne dépend que de la différence de ses deux arguments) alors l'équation (1.1) se simplifie en une équation de convolution:

$$y(t) = \int h(t - \tau) r(t) d\tau \qquad (1.2)$$

La mesure y peut être interprétée comme la sortie d'un filtre linéaire invariant de réponse impulsionnelle $h(t)$ auquel est présenté en entrée la grandeur inconnue r. Le système de mesure n'étant jamais parfait (la réponse impulsionnelle serait alors une impulsion de Dirac), la grandeur mesurée n'est pas directement proportionnelle à la grandeur physique recherchée mais est égale à sa moyenne pondérée. La restauration de l'entrée d'un système linéaire à partir de sa sortie appartient à la classe des problèmes inverses. Le problème particulier traité ici est appelé déconvolution car il s'agit d'inverser un opérateur de convolution. La réponse impulsionnelle du système peut être connue ou non. Dans le premier cas, seul r doit être estimé et le problème est appelé "déconvolution simple" (ou déconvolution). Dans le deuxième cas, r et h doivent être estimés, le problème est appelé "déconvolution aveugle".

Les travaux publiés récemment [5][6][7][8][9][10][11][12][13][14][15] sur la restauration de la grandeur physique r proposent souvent des algorithmes myopes, c'est-à-dire en considérant le système h inconnu. Dans ce cas, il convient d'identifier ce système avant ou conjointement à l'estimation de r.

Or en échographie ultrasonore, il n'est pas très difficile en général d'obtenir une copie assez juste de la réponse impulsionnelle du "système", puisqu'il s'agit dans ce cas simplement du signal émis par le transducteur, c'est-à-dire de la forme du champ de pression acoustique à la sortie de ce transducteur. Il existe d'ailleurs d'autres cas où le système est connu. C'est pourquoi nous proposons dans cette thèse des algorithmes de déconvolution déterministe qui nécessitent la connaissance a priori du système h.

Avant de poursuivre, il convient de bien préciser que cette hypothèse n'est qu'à moitié justifiée, car on sait par exemple qu'au cours de sa propagation, une ondelette acoustique opère des rotations de phase aux interfaces, et donc, qu'en toute rigueur, ces applications doivent être classées dans les cas semi aveugle. Nous avons toutefois quelques raisons de penser que l'utilisation de ces algorithmes de déconvolution peut être efficace dans un grand nombre d'applications. On peut néanmoins mentionner l'intérêt porté aux méthodes de déconvolution aveugle [7][9][16][17][18].

Le problème de l'échographie ultrasonore consiste à essayer de reconstruire le plus précisément possible la séquence de réflectivité, c'est-à-dire la dérivée de l'impédance acoustique le long du trajet parcouru par l'onde acoustique. En théorie, cette séquence peut être reconstruite de manière exacte par déconvolution des mesures. Il s'agit d'une séquence nulle presque partout, sauf aux points de rupture d'impédance acoustique où elle présentera un pic. On décrit habituellement ce type de signal comme une séquence peu dense de pics ou d'impulsions.

La déconvolution est un traitement numérique qui a pour but de compenser les limitations physiques de l'instrument de mesure. C'est un problème ancien traité par T. KAILATH [19] qui a fait l'objet de très nombreuses études. Malgré cela, ce problème est encore aujourd'hui largement étudié car il n'admet pas une solution unique.

Comme le montre la figure (1.1), des signaux profondément différents présentés en entrée du filtre donnent en sortie des signaux presque identiques. Le problème de la déconvolution est donc de remonter à la "bonne" solution, c'est à dire celle qui est physiquement significative.

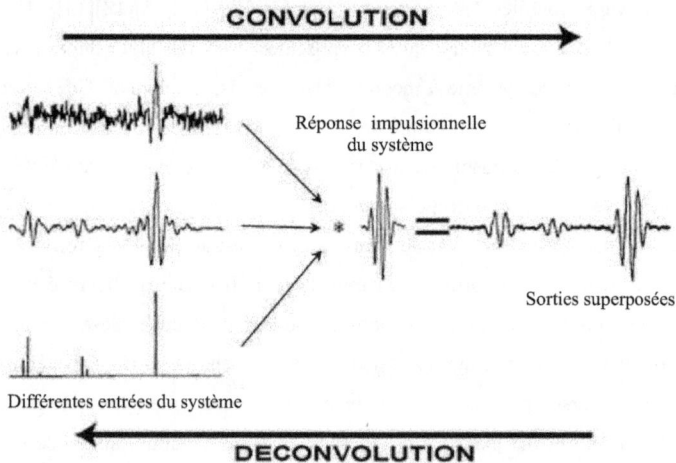

Figure 1.1 : Instabilité et non unicité de la solution de l'opération de déconvolution.

Le but des différentes méthodes de déconvolution est de construire une solution qui soit une approximation physiquement acceptable et numériquement stable. Si l'objectif est similaire à toutes les méthodes, les concepts théoriques utilisés et les algorithmes développés sont eux extrêmement variés. Il n'existe pas une méthode de déconvolution universelle qui surpasserait toutes les autres. Il est d'ailleurs difficile de comparer les performances des différentes méthodes car les hypothèses explicites ou implicites propres à chaque algorithme font que les estimations sont meilleures pour certaines classes de signaux et moins bonnes pour d'autres. Les travaux [20][21][22][23][24] donnent un aperçu assez complet des méthodes les plus employées dans le cadre du CND par ultrasons et en sismique.

Ce chapitre présente, au travers du cas particulier des signaux ultrasonores, le problème général de la déconvolution. La notion de problème mal-posé est tout d'abord étudiée. On analyse ensuite l'influence de la bande passante du système et l'impact du bruit sur la solution recherchée. Enfin, nous présentons l'organigramme des différentes méthodes de déconvolution utilisées dans cette thèse et les matériaux contrôlés.

1.2. Présentation du problème

1.2.1. Le signal ultrasonore vu comme la sortie d'un filtre linéaire

L'équation générale liant l'entrée et la sortie bruitée d'un filtre linéaire de réponse impulsionnelle $h(t)$ s'écrit :

$$y(t) = h(t) * r(t) + b(t) \tag{1.3}$$

Dans le cas particulier des signaux ultrasonores (figure 1.2) :

- Le signal de sortie du filtre $y(t)$ représente le signal A-scan mesuré pour une position donnée du traducteur.
- La réponse impulsionnelle du système $h(t)$ représente l'onde incidente. Cette onde supposée connue est généralement mesurée sur un réflecteur plan.
- L'entrée du système est une fonction appelée réflectivité $r(t)$ qui prend en compte principalement les caractéristiques propres au matériau mais peut aussi intégrer certains phénomènes de diffraction.
- Le terme $b(t)$ est un bruit additif traduisant non seulement le bruit de mesure mais aussi les erreurs de modélisation.

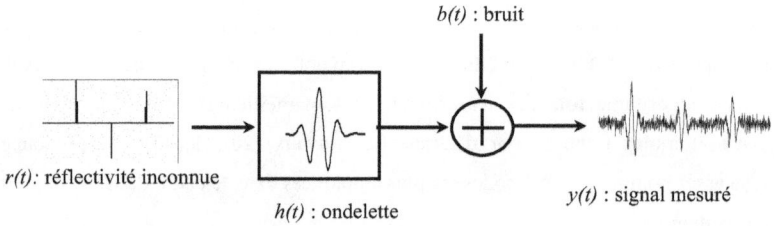

Figure 1.2 : Modélisation du signal ultrasonore.

D'un point de vue physique, il pourrait sembler plus naturel de considérer l'onde émise par le traducteur ultrasonore comme signal d'entrée et la réflectivité du milieu de propagation comme filtre. Néanmoins, la grandeur inconnue étant la fonction de réflectivité, on préfère généralement se ramener à un problème de déconvolution en utilisant la commutativité de la convolution.

1.2.2. Les difficultés de la déconvolution

1.2.2.1. La déconvolution: un problème mal-posé

Même lorsque la réponse impulsionnelle du système est parfaitement connue la déconvolution est un problème difficile à résoudre car il appartient à la classe des problèmes mal-posés.

D'après TIKHONOV et ARSENIN, c'est à JACQUES HADAMARD que l'on doit la notion de problème bien-posé. Un problème inverse est dit bien posé lorsque sa solution satisfait les trois conditions suivantes : existence, unicité, et stabilité. Or comme on peut le voir ce n'est pas le cas de la déconvolution (figure 1.1).

La dépendance continue signifie qu'à une faible perturbation des données doit correspondre une faible perturbation de la solution recherchée. Si pour un signal $r+\delta r$ on observe des données $y+\delta y$, lorsque δy tend vers zéro alors δr doit également tendre vers zéro.

Les problèmes mal-posés se rencontrent dans de nombreux domaines. Par exemple, toute résolution d'une intégrale de première espèce est un problème mal-posé. En effet, l'application du lemme de RIEMANN montre qu'une variation $\delta r(\tau) = sin(\omega\tau)$ de l'entrée se traduit par une très faible modification δy des données lorsque la pulsation ω est très grande. Par contre, l'inverse n'est pas toujours vrai. Intuitivement cela s'explique par le fait que lors de la convolution entre une fonction douce (qui varie lentement) et une fonction rapidement oscillante les parties positives et négatives des oscillations s'annulent mutuellement.

De plus, la largeur limitée de la bande passante de tout appareil de mesure physique et le bruit aléatoire affectant toute mesure physique entraînent une perte irrémédiable d'informations. La solution recherchée n'est alors plus unique. Toutes les fonctions qui ont un spectre identique pour les fréquences incluses dans la bande passante du capteur conduisent, au même signal de sortie du filtre et ce quel que soit leur spectre en dehors de cette bande de fréquences.

1.2.2.2. Bande passante du système

Même pour les traducteurs les mieux amortis, leur bande passante (définie comme le rapport entre la largeur de bande mesurée traditionnellement à 6dB et la fréquence centrale) excède rarement les 60%. La bande passante est mesurée sur un écho de réflexion sur un réflecteur plan [25].

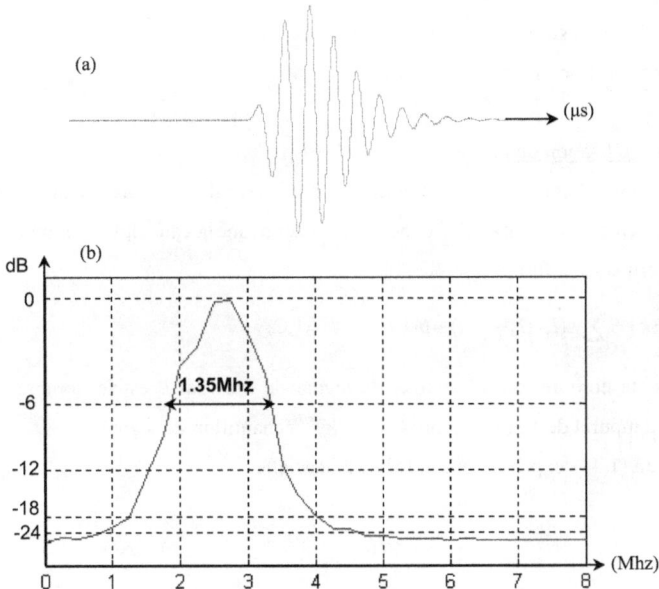

Figure 1.3: Bande passante d'un traducteur ultrasonore, a) Echo mesuré sur un réflecteur plan infini situé à la distance focale, b) Spectre de l'écho.

La figure (1.3) présente le signal enregistré avec un traducteur émergé dans l'eau et de fréquence centrale 2.6MHz. On constate sur la représentation temporelle du signal (figure 1.3.a) que ce traducteur n'est pas très bien amorti. Ce résultat est confirmé par le rapport entre la largeur de bande mesurée à 6dB et la fréquence centrale qui est égal à 51%.

Les traducteurs ultrasonores peuvent être assimilés, dans la plupart des cas, à des filtres passe-bande à bande étroite.

1.2.2.3. Bruits contaminant les mesures

En pratique, un signal que l'on cherche à générer, transmettre ou mesurer est toujours accompagné de signaux perturbateurs, que l'on peut appeler des bruits. Les signaux ultrasonores sont parasités par trois sources principales de bruits :

- Le bruit électronique issu des composants électroniques de la chaîne de mesure (amplificateurs, filtres...). Ce bruit peut être considéré comme blanc et peu énergétique.
- Le bruit de quantification résultant de la conversion des données analogiques en données numériques.
- Le bruit de structure résultant de la réflexion et de la diffraction de l'onde ultrasonore par la structure même du matériau.

1.2.3. Discrétisation du problème

Le traitement numérique des données est réalisé sur des signaux échantillonnés.

Le système étant causal (l'effet ne peut exister avant la cause), l'équation de convolution (1.3) s'écrit sous la forme discrète :

$$y(k) = \sum_{i=1}^{L} h(i)r(k-i+1) + b(k), \qquad k = 1....N \tag{1.4}$$

où N est le nombre total de points du signal de mesure, L est le nombre de points du support temporel de h et $y(k)$ représente le $k^{\text{ème}}$ échantillon du signal y.

L'équation (1.4) s'exprime sous la forme matricielle :

$$y = Hr + b \tag{1.5}$$

Où :

$$y = col[y(1), y(2),.........., y(N)],$$

$r = col[r(1), r(2), \ldots\ldots, r(N-L+1)]$, ou *(N-L+1)* est le nombre de points du signal à restaurer,

$b = col[b(1), b(2), \ldots\ldots, b(N)]$,

H est une matrice dont les colonnes sont obtenues par décalage de *h:*

$$H = \begin{bmatrix} h(1) & 0 & \cdots & \cdots & \cdots & \cdots & \cdots & \cdots & 0 \\ h(2) & h(1) & 0 & & & & & & \vdots \\ \vdots & h(2) & \ddots & \ddots & & & & & \vdots \\ h(L) & \vdots & & \ddots & \ddots & & & & \vdots \\ 0 & h(L) & & & \ddots & \ddots & & & \vdots \\ \vdots & \ddots & \ddots & & & \ddots & \ddots & & \vdots \\ \vdots & & \ddots & \ddots & & & \ddots & 0 & \vdots \\ \vdots & & & \ddots & \ddots & & h(1) & 0 \\ \vdots & & & & \ddots & \ddots & h(2) & h(1) \\ \vdots & & & & & \ddots & \ddots & \vdots & h(2) \\ \vdots & & & & & & \ddots & h(L) & \vdots \\ 0 & \cdots & \cdots & \cdots & \cdots & \cdots & \cdots & 0 & h(L) \end{bmatrix} \quad N \qquad (1.6)$$

Le système étant causal la matrice *H* est triangulaire inférieure de dimension *N*(N-L+1)*.

On peut remarquer que l'équation (1.5) reste valable dans le cas où la réponse impulsionnelle du système est invariable par translation. Dans ce cas, seules les valeurs des colonnes de *H* changent.

1.3. Méthodes de déconvolution

Des méthodes de haute résolution de traitement du signal numérique ont été appliquées au problème de déconvolution des signaux ultrasonores. Un examen de ces applications est donné par plusieurs auteurs, on peut citer principalement [26][27][28].

G. HAYWARD et J. E. LEWIS [24] ont comparé l'application de quelques techniques non adaptives de déconvolution au même problème.

En raison de la nature mal posée de la déconvolution, les méthodes proposées souffrent de cette limitation sévère, bien qu'elles soient connues pour être de haute résolution.

Théoriquement, une solution optimale peut toujours être trouvée si les statistiques de bruit sont connues a priori.

S. P. NEAL et al. [29] emploient la connaissance antérieure au sujet des statistiques de bruit pour dériver un filtre de Wiener optimal qui surmonte le problème mal posé.

On a proposé une adaptation intéressante des méthodes de déconvolution disponibles utilisées généralement dans des problèmes de déconvolution sismiques par J. J. KORMYLO, C. H. CHEN et S. K. SIN [26][30].

C. H. CHEN et S. K. SIN ont noté une forte similitude entre les deux problèmes (déconvolution sismique et ultrasonore) alors ils ont appliqué la plupart des techniques développées au problème ultrasonore. Sur la base des résultats obtenus, ils ont recommandé l'usage de ces méthodes au domaine ultrasonore.

Pour généraliser les résultats du problème sismique au problème ultrasonore, des précautions de l'applicabilité sont prises en considération [26].

Les méthodes de déconvolution appliquées au contrôle ultrasonore, sont généralement classées par trois grandes catégories différentes :

- Déconvolution déterministe.
- Déconvolution semi aveugle.
- Déconvolution aveugle.

Parmi les méthodes déterministes, nous présentons deux méthodes de déconvolution déterministe. La première est une méthode d'estimation classique appelée méthode des moindres carrés. La deuxième est une méthode basée sur le filtre de Wiener.

Dans la deuxième classe, nous présentons deux méthodes de déconvolution semi aveugle. La première est une méthode de déconvolution basée sur la minimisation d'une norme L^P. La deuxième est une méthode de déconvolution basée sur un modèle Bernoulli-Gaussien.

Quand à la troisième classe, nous présentons trois méthodes de déconvolution aveugle. La première méthode classée sur des techniques de déconvolution connues sous le nom de Déconvolution à Minimum d'Entropie (MED). La deuxième est une méthode de déconvolution basée sur les réseaux de neurones. La troisième méthode est une méthode de déconvolution basée sur un modèle analytique. Toutes les méthodes développées sont appliquées dans ce travail et sont regroupées dans l'organigramme illustré par la figure (1.4).

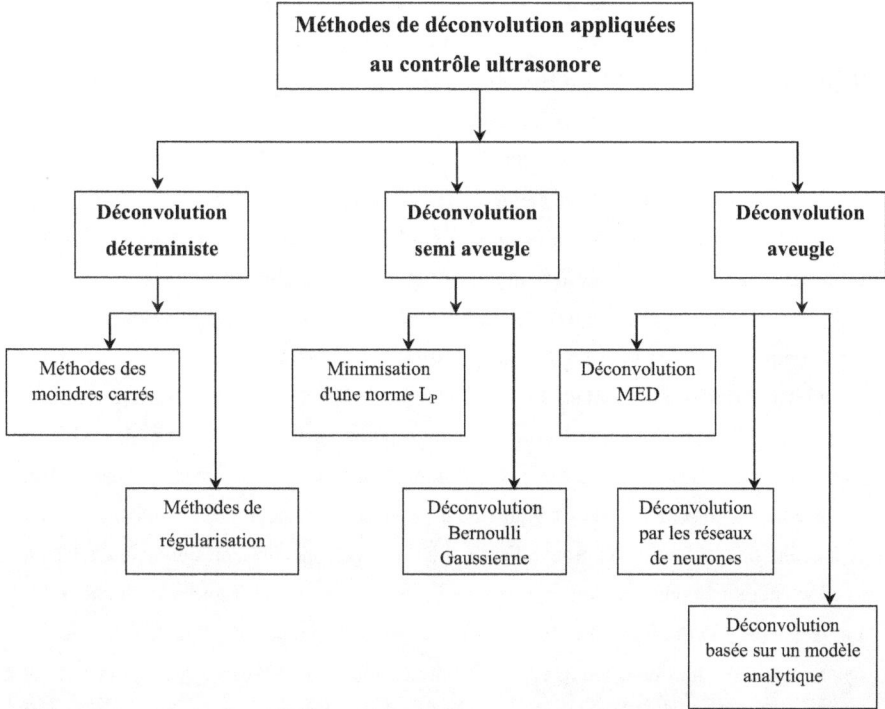

Figure 1.4 : Arbre des méthodes de déconvolution appliquées au contrôle ultrasonore

1.4. Problèmes résolus par la déconvolution

1.4.1. Etude bibliographique

Dans certains matériaux (ex : métalliques ou composites), la détection d'imperfections par ultrasons est souvent difficile car on ne peut pas distinguer entre le signal des imperfections et le bruit provenant de la structure de ces matériaux. Ce bruit peut masquer le signal de défaut et créer une gêne dans sa détection. Il est ainsi nécessaire d'améliorer la visibilité du défaut par des techniques de déconvolution. Dans ce qui suit, nous proposons un passage en revue de certains travaux, les plus récents, développés et appliqués au contrôle de ces matériaux.

Jusqu'à l'heure actuelle, plusieurs travaux ont été élaborés dans le but de détecter les échos des défauts noyés dans le bruit.

G. CARDOSO et al. [31] proposent trois méthodes de debruitage des signaux ultrasonores. La première méthode est basée sur la transformée d'ondelettes discrètes

(DWT discrete wavelet transform), la deuxième est basée sur la Transformée en cosinus discrète (DCT discrete cosine transform) et la troisième est basée sur la transformée de Walsh-Hadamard (WHT Walsh-Hadamard transform). Les trois méthodes sont appliquées sur des signaux simulés et expérimentaux mesurés sur une pièce d'acier contenant des trous simulant des défauts. Les résultats obtenus prouvent que la DWT est meilleure dans la représentation des signaux à bande large, alors que la DCT et la WHT sont plus appropriés dans la représentation des signaux à bande étroite. G. CARDOSO et al. [32] proposent aussi un algorithme d'estimation successif de paramètre basé sur une version modifiée de la transformation d'ondelettes continue (CWT continuous wavelet transform) pour compresser et débruiter les signaux ultrasonores. L'algorithme se comporte bien dans les milieux bruités dans lesquels l'amélioration du SNR (SNR : signal-to-noise ratio) au delà de 60dB est possible. Ces auteurs [33] ont proposé aussi une technique adaptative de fonction de seuillage (ATF adaptive thresholding function). Ils emploient les paramètres statistiques du bruit inclus dans le signal pour produire une fonction de seuillage basée sur la fonction de distribution de probabilité du bruit. Les résultats présentés prouvent que c'est une technique très puissante qui permet la détection des échos ultrasonores à faible SNR. La technique ATF réalise des améliorations du SNR autour de 9dB au-dessus des techniques classiques de seuillage; ces améliorations sont au-dessus de 10dB pour le bruit gaussien. Q. LIU et al. [13] présentent une méthode de débruitage des signaux ultrasonores basés sur la séparation de source aveugle (BSS : Blind Source Separation). Les résultats de simulation de la méthode proposée possèdent presque la même efficacité que la méthode de débruitage par les ondelettes dans l'amélioration du rapport signal sur bruit.

E. PARDO et al [34] proposent deux méthodes de traitement par les ondelettes UWT (Undecimated Wavelet Transform). Les deux méthodes sont développées et comparées à celle d'un processus classique de DWT en employant un bruit de grain synthétique et des signaux expérimentaux. Les signaux ultrasonores expérimentaux ont été obtenus en inspectant une pièce de composite (CFRP) d'épaisseur de 31.5mm dans lequel il y a des défauts artificiels (trous) dans la face arrière. Les résultats montrent une amélioration moyenne du SNR de l'ordre de 2dB.

Les méthodes de haute résolution sont aussi appliquées dans la détection des défauts dans les signaux ultrasonores. N. RUIZ et al. [35] proposent un algorithme rapide et efficace de poursuite (Matching Pursuit) pour l'amélioration de SNR des signaux ultrasonores fortement bruités. L'algorithme proposé utilise comme ondelette mère la fonction de Morlet. Ceci est justifié par sa forme qui présente des caractéristiques similaires avec celles des échos ultrasonores. La pièce inspectée est un matériau de fibre de carbone d'épaisseur égale à 120mm avec des trous dans la face arrière avec différentes profondeurs. Les résultats obtenus ont montré une amélioration du SNR de 19dB (SNRin = -13dB, SNRout=5dB). Les mêmes auteurs [36] proposent aussi une méthode basée sur la poursuite à haute résolution (HRP High Resolution Pursuit), qui est une version de la poursuite adaptée (Matching pursuit (MP)). Ils utilisent une pièce en fibre de carbone d'épaisseur égale à 50mm avec des trous dans la face arrière avec différentes profondeurs.

M. A. G. IZQUIERDO et al. [37] utilisent une technique de filtrage de Wiener dans le but d'améliorer le SNR des signaux ultrasonores bruités. Les auteurs valident leur travail sur une pièce en acier inoxydable avec des trous de différents diamètres et profondeurs. F. HONARVAR et al. [38] proposent aussi une technique de filtrage de Wiener appliquée sur une pièce avec des défauts rapprochés.

Les réseaux de neurones trouvent aussi leurs places dans ce domaine [39][40][41]. Les deux auteurs montrent une amélioration du SNR de l'ordre de 6dB.

Dans [42] et [43], les auteurs proposent des algorithmes basés sur la transformée en Chriplet pour la détection des échos des défauts multiples dans les signaux ultrasonores noyés dans le bruit. Ces algorithmes estiment la position des échos, la fréquence centrale, la phase, la largeur de bande, l'amplitude et le chirp rate (Un *chirp* est un mot d'origine anglaise signifiant « gazouillis » qui est par définition un signal pseudo-périodique modulé en fréquence autour d'une fréquence porteuse et également modulée en amplitude par une enveloppe dont les variations sont lentes par rapport aux oscillations de la phase). Les résultats obtenus par ces algorithmes sont satisfaisants.

C. FRITSCH et al. [44] proposent une méthode dans le domaine temporel basée sur l'analyse de phase. Le principe de la méthode est de trouver les petites variations de phase des échos des défauts par rapport aux échos de la face avant de la pièce à examiner.

Y. H. KIM et al. [45] proposent une technique pour l'identification des défauts dans les signaux ultrasonores en utilisant la déconvolution déterministe associée à une fonction de similarité. T. OLOFSSON et al. [46] proposent une méthode de déconvolution basée sur le maximum à posteriori et l'optimisation génétique pour l'estimation des échos ultrasonores. La pièce utilisée est en aluminium avec une structure multi couches.

K. F. KAARESEN et al. [9] présentent un algorithme itératif de maximum a posteriori qui peut simultanément estimer une impulsion à temps variable et effectuer la déconvolution à haute résolution.

R. DEMIRLI et al. [10] proposent une méthode de déconvolution basée sur un modèle pour la détection des échos rapprochés.

1.4.2. Expériences menées

1.4.2.1. Détection des défauts rapprochés dans les matériaux métalliques

L'expérience menée dans cette partie, est illustrée dans la figure (1.5). Ce cas est souvent rencontré en industrie. Deux défauts sont présents dans la même zone, distants de quelques mm et ayant des profondeurs presque égales. Cette géométrie donne lieu à des signaux ultrasonores où deux échos sont très rapprochés dans le temps et se superposent. Ce problème de résolution peut induire en erreur l'expert contrôleur qui pourrait poser un mauvais diagnostic en affirmant la présence d'un seul défaut au lieu de deux défauts. Donc le but de cette expérience, est de montrer l'utilité de ce type de traitement aux utilisateurs du CND par ultrasons.

Les pièces à contrôler sont au nombre de trois, elles sont en acier d'épaisseur égale à 10 mm contenant deux trous distants respectivement de 2, 3 et 1mm et de diamètres 2mm. Les profondeurs des deux trous sont comprises entre 4 et 4.8mm respectivement.

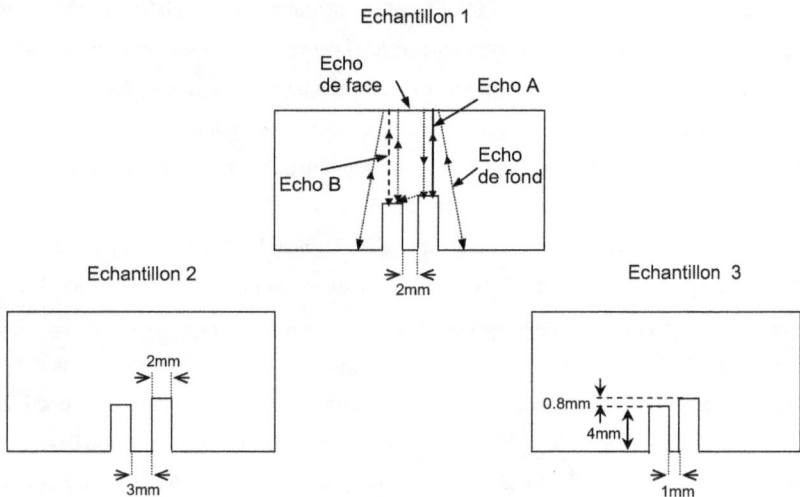

Figure 1.5 : Pièces en acier avec deux trous débouchant sur la face arrière.

L'expérience est menée avec un traducteur ultrasonore de fréquence centrale de 10 MHz. La vitesse de son dans ce matériau (acier) est de 5860m/s, par conséquent la longueur d'onde est $\lambda = 0.58mm$.

La figure (1.6) montre le tracé d'un signal obtenu sur l'une des pièces où l'on observe deux échos réfléchis (écho A et écho B) par les deux trous. L'objectif est de détecter les deux échos et d'estimer la durée qui les sépare.

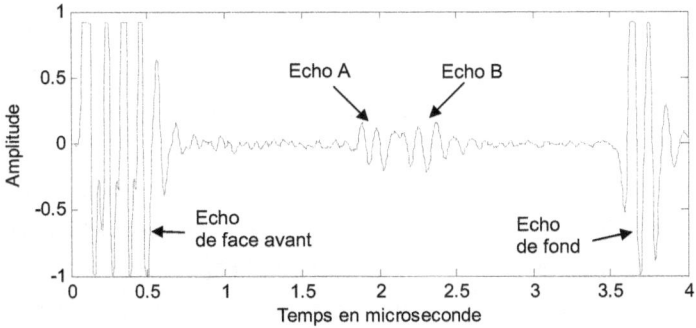

Figure 1.6: Signal A-scan de la pièce d'acier avec les deux échos.

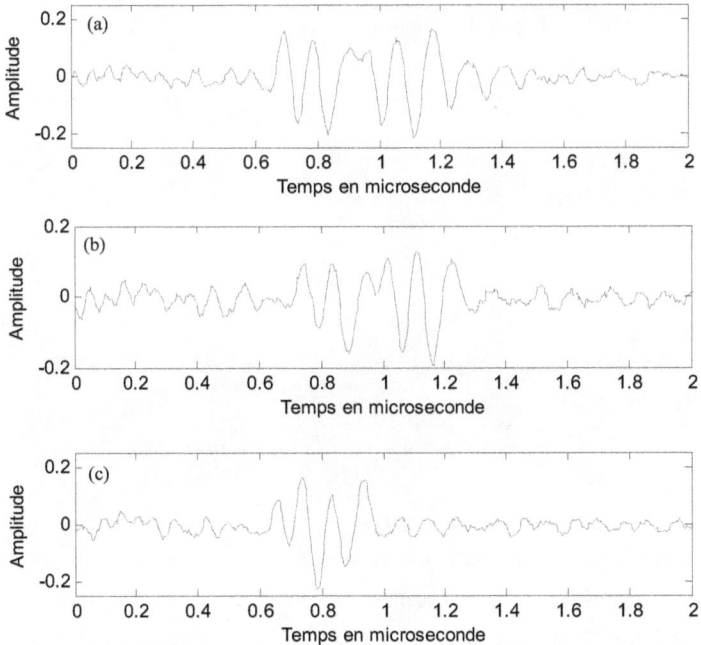

Figure 1.7: a) Signal A-scan de l'échantillon 1, b) Signal A-scan de l'échantillon 2, c) Signal A-scan de l'échantillon 3.

1.4.2.2. Mesure des fines épaisseurs

Les méthodes classiques de mesure de fines épaisseurs telles que la détection de l'enveloppe ou la mesure du temps de vol sur le signal temporel posent beaucoup de problèmes de résolution puisque la mesure n'est possible que si les échos ne se superposent pas dans le temps.

R. DRAI [47] présente certains algorithmes sur des signaux ultrasonores afin de répondre aux problèmes de résolution posés par le contrôle ultrasonore notamment la mesure des fines épaisseurs. L'auteur à retenu l'approche entreprise par C. H. CHEN basée sur les représentations temps-fréquence telles que la transformée de Fourier à court terme (STFT), l'algorithme de Wigner Ville et la transformée de Gabor. Il a aussi utilisé des techniques basées sur le cepstre pour la séparation d'échos rapprochés dans le temps.

Pour traiter le problème de mesure des fines épaisseurs par les méthodes de déconvolution, nous avons choisi une pièce d'aluminium avec une épaisseur de 1.2mm.

La vitesse de son dans ce matériau = 6300m/s, par conséquent la longueur d'onde pour une sonde de 10Mhz est égale à 0.63mm.

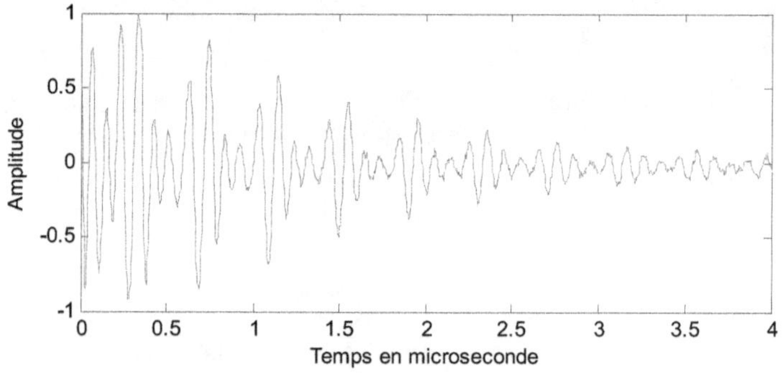

Figure 1.8: Signal A-scan de la pièce d'Aluminium d'épaisseur 1.2mm.

1.4.2.3. Contrôle des matériaux composites

Les matériaux composites sont de nos jours de plus en plus utilisés dans l'industrie et sont présents dans des secteurs d'application très variés : bâtiment, transports (spatial, aérien, maritime, routier, ferroviaire), sports et loisirs, mécanique générale, ou encore électricité et électronique (figure 1.9).

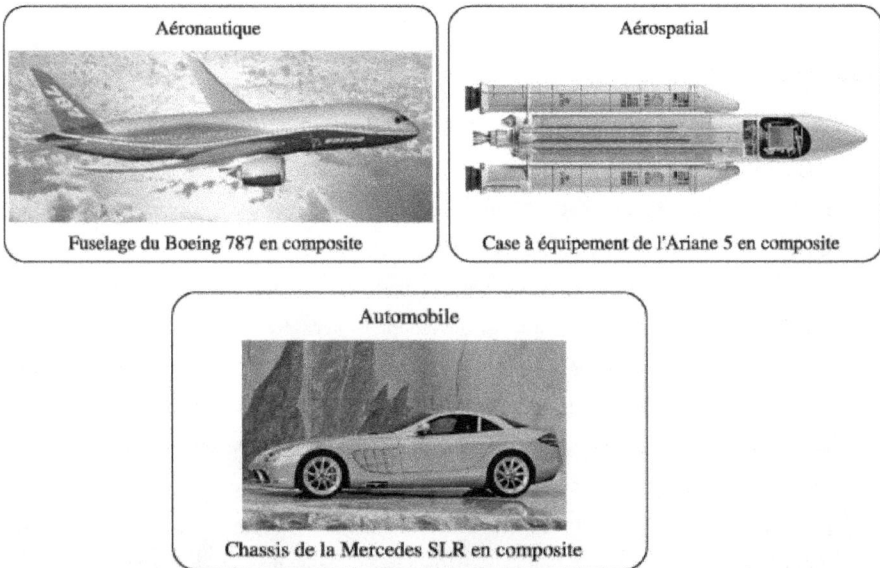

Aéronautique	Aérospatial
Fuselage du Boeing 787 en composite	Case à équipement de l'Ariane 5 en composite

Automobile

Chassis de la Mercedes SLR en composite

Figure 1.9 : Exemple d'applications des composites dans l'aéronautique, l'aérospatiale et l'automobile.

On dit qu'un matériau est un matériau composite lorsqu'il est constitué de deux ou plusieurs éléments distincts et non miscibles dont les caractéristiques se combinent pour réaliser un matériau ayant des propriétés particulières en réponse à un besoin spécifié.

L'une des grandes familles de matériaux composites regroupe ceux constitués de deux phases : un matériau fibreux, jouant le rôle de renfort, et un matériau résineux, appelé la matrice.

Ces matériaux peuvent par un assemblage judicieux de leurs composants acquérir un ensemble de propriétés mécaniques intéressantes : bonne tenue en fatigue, absence de corrosion, et avant tout une faible masse et une résistance et rigidité spécifiques élevées.

Comme tous les matériaux utilisés dans le milieu industriel, les matériaux composites doivent être contrôlés, afin de répondre à des exigences de qualité et de sécurité.

L'utilisation des algorithmes de traitement du signal permettant la détection des défauts dans les matériaux composites s'avère très efficace. En effet, les problèmes de détection ont été abordés par plusieurs auteurs.

Pour la détection de délaminages dans des plaques en composite multicouches minces, R. KAZYS et L. SVILAINIS [48] ont utilisé des algorithmes de traitement du signal permettant la détection effective du délaminage dans un multicouche mince en utilisant des signaux ultrasonores de bande limitée. En particulier, ces algorithmes exploitent deux techniques différentes. La première technique exploite la différence entre le signal réfléchi par la région saine et celle du délaminage. Cette différence est révélée en utilisant une méthode de déconvolution semi aveugle de norme L^1. La deuxième technique est basée sur une analyse spectroscopique, qui est obtenue en soustrayant du signal de référence (réfléchi par la région saine), l'impulsion reçue à n'importe quel point arbitraire. Des images bidimensionnelles ont été présentées pour diverses fréquences. Cet algorithme a été validé à l'aide de signaux réels. Un modèle mathématique unidimensionnel simplifié basé sur l'approche matricielle a été aussi développé et vérifié expérimentalement. Les essais ont été effectués en immersion par transmission en mode écho. Une combinaison de la technique par transmission avec un balayage bidimensionnel permet d'obtenir des images en C-scan dont il est possible d'estimer la forme et la taille du délaminage. Un des inconvénients de cette méthode réside dans le fait qu'elle ne permet pas de déterminer la profondeur du défaut. Une combinaison de la méthode par écho avec un balayage bidimensionnel permet d'obtenir une image tridimensionnelle de l'échantillon. Cette méthode permet de déterminer la profondeur du délaminage. Mais pour des raisons liées à la largeur de bande limitée du traducteur utilisé et l'importance de l'amplitude de l'écho d'interface (surface du fond) de la plaque en composite, les signaux réfléchis seront masqués par interférence. L'information concernant la profondeur et le caractère du délaminage peuvent être extraites seulement en utilisant un post traitement complémentaire des signaux ultrasonores. Les résultats expérimentaux indiquent que les deux techniques permettent de localiser un délaminage situé entre deux couches.

N. RUIZ et al. [35] utilisent une pièce en fibre de carbone d'épaisseur égale à 120mm avec des trous de différentes profondeurs dans la face arrière. L'algorithme utilisé est basé sur la technique « Matching Pursuit ». Dans ce travail, les auteurs ont obtenu une amélioration de SNR=19dB. Les mêmes auteurs dans [36] utilisent une pièce en fibre de carbone d'épaisseur de 50mm avec des trous de différentes profondeurs dans la face arrière.

E. PARDO et al. [34] utilisent aussi une pièce en fibre de carbone d'épaisseur de 31.5mm avec des trous dans la face arrière. Les auteurs utilisent des techniques basées sur les ondelettes, les résultats montrent une faible amélioration du SNR (SNR d'entrée = 6.28dB, SNR de sortie =8.03dB).

Pour la localisation de la profondeur des défauts dans un matériau composite renforcé de fibres, une combinaison de la transformée en ondelette et les réseaux de neurones a été utilisée par L. ZHENQING [49]. L'information relative à la profondeur d'écho de défaut est extraite de l'enveloppe complexe des coefficients d'ondelette et de deux méthodes du réseau de neurones.

L'expérience menée au niveau du laboratoire de traitement du signal et d'imagerie du Centre de Recherche Scientifique et Technique en Soudage et Contrôle (CSC) est basée sur le contrôle des échantillons en composite réalisés au niveau de l'atelier de maintenance et réparation des compartiments composites d'Air Algérie.

Ces échantillons sont constitués d'une matrice en résine époxyde et de renforts en fibres de carbone (CFRP : Carbon Fiber Reinforced Polymer multi-layered composite materials). C'est une structure stratifiée composée de six (6) couches avec une orientation des plis (0°, 45°, 0°) et d'épaisseur égale à 2.67mm (Figure 1.10).

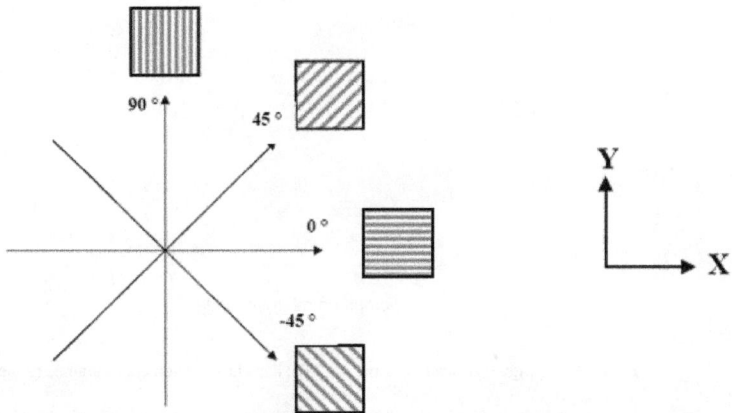

Figure 1.10: Notation de caractérisation de l'orientation des plis.

Pour créer les défauts de délaminage (phénomène de décollement inter-pli), nous avons inséré des lames de téflon entre les plis. L'échantillon obtenu est divisé en 3 zones :

- Zone 1 : région sans défaut ;
- Zone 2 : défaut de délaminage après la 1er couche ;
- Zone 3 : défaut de délaminage avant la dernière couche.

Epaisseur de la pièce (zone non endommagée) : 2.67mm, (6 couches).

Vitesse de son dans ce matériau = 2830m/s.

Longueur d'onde pour une sonde de 2.25Mhz, égale à 1.25mm.

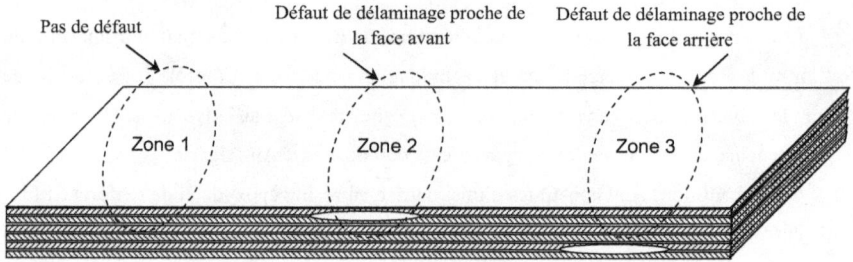

Figure 1.11 : Pièce en fibre de carbone (carbon fiber reinforced polymer multi-layered composite materials (CFRP)).

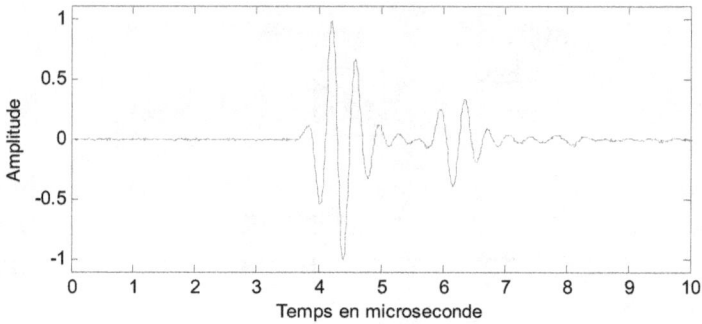

Figure 1.12 : Signal A-scan de la pièce CFRP dans la zone non endommagée (zone 1).

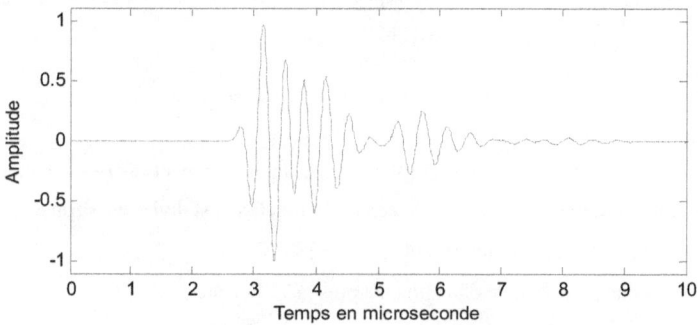

Figure 1.13: Signal A-scan de la pièce CFRP dans la zone endommagée (zone 2), défaut de délamination proche de la face avant.

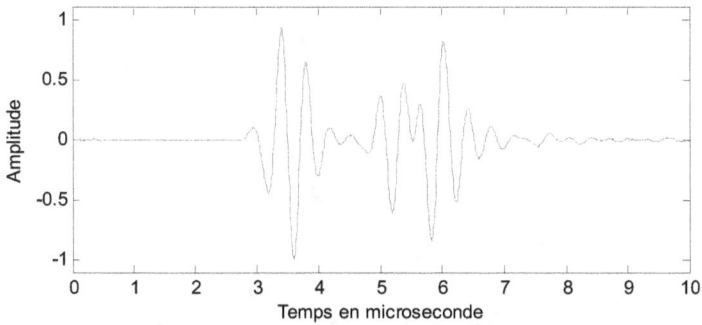

Figure 1.14: Signal A-scan de la pièce CFRP dans la zone endommagée (zone 3), défaut de délamination proche de la face arrière.

1.5. Conclusion

Dans ce chapitre, nous avons exposé la déconvolution et son application aux signaux ultrasonores. Pour cela, nous avons décrit le but des différentes méthodes de déconvolution qui est la construction d'une solution qui soit une approximation physiquement acceptable et numériquement stable. Nous avons vu que d'un point de vue physique, il est indiqué de considérer l'onde émise par le traducteur ultrasonore comme signal d'entrée et la réflectivité du milieu de propagation comme filtre.

A partir de l'étude bibliographique, les méthodes de déconvolution appliquées au contrôle ultrasonore, sont généralement classées par trois grandes catégories différentes : déterministe, semi aveugle et aveugle.

Aussi, nous avons effectué une étude bibliographique sur les problèmes résolus par la déconvolution (détection des défauts dans les matériaux métalliques, mesure des fines épaisseurs et le contrôle des matériaux composites).

CHAPITRE 2

DECONVOLUTION DETERMINISTE

2.1. Introduction et étude bibliographique

Plusieurs travaux ont fait l'objet de la déconvolution déterministe du signal ultrasonore en présence du bruit de structure. Ils sont tous basés sur les méthodes des moindres carrés ou les méthodes de régularisation. Dans ce paragraphe, nous passons en revue quelques approches permettant la déconvolution des signaux et en particulier les signaux ultrasonores.

Dans le cas de la déconvolution déterministe A. J. BERKHOUT [50] propose un algorithme de filtrage inverse (déconvolution) par les moindres carrés et la déconvolution par les ondelettes. Le principe est de chercher le filtre inverse de la signature connue $h(t)$ de la chaîne acoustique. Cette méthode trouve une immense popularité dans l'industrie sismique car elle a besoin de peu d'informations de l'utilisateur. Malheureusement, le signal de sortie obtenu après l'application de cet algorithme est estimé comme étant très bruité.

G. DEMOMENT et al. [51] proposent une méthode qui opère directement dans l'espace des données et permet un travail en ligne, les valeurs estimées de l'entrée étant fournies au rythme de l'échantillonnage de la sortie, avec un retard de quelques périodes. La structure de l'algorithme est récursive et à chaque itération, on minimise une distance d'entrée. Le choix d'une matrice permet d'ajuster l'inévitable compromis biais-variance de la solution en fonction du rapport signal sur bruit. L'avantage essentiel de la méthode réside dans sa grande simplicité due à l'absence d'inversion de matrice et de transformation de Fourier. Cette simplicité permet de développer aisément un appareil déconvolueur construit autour d'un microprocesseur. Cette méthode a été par ailleurs appliquée dans le domaine médical.

Une autre application de la déconvolution déterministe dans la géologie a été proposée par J. XIA et al [52]. La résolution est la clé principale pour l'identification des données géologiques de dispositif GPR (ground penetrating radar). L'ondelette source vibre dans une section de GPR, elle limite la résolution en raison de l'interférence d'ondelettes, et peut cacher des réflexions. La fausse interprétation des résultats limite l'utilité de GPR. Pour cela, la déconvolution offre la capacité de compressions de l'ondelette source et d'améliorer la résolution temporelle. La déconvolution déterministe est mathématiquement simple et stable tout en fournissant la solution optimale au problème posé. Ceci s'explique par le fait que cet algorithme utilise l'ondelette source (unique) au radar. L'application de la déconvolution déterministe aux données de GPR donne une amélioration de 50% de résolution comparée aux mêmes données traitées sans déconvolution déterministe.

M. MORHAC [53] propose des méthodes de déconvolution pour améliorer la résolution dans les spectres des rayons γ. La première méthode de déconvolution est basée sur la minimisation des carrées des valeurs négatives dans les données de déconvolution. La deuxième méthode est une modification de la première, son principe est de réduire au minimum la somme des carrées, mais seulement les éléments négatifs.

A travers la lecture de cette bibliographie, nous présentons dans ce chapitre deux méthodes de déconvolution déterministe. La première est une méthode d'estimation classique appelée méthode des moindres carrés. Les résultats obtenus montrent que la déconvolution ne peut être basée sur les seules données. Pour obtenir une solution stable, il est nécessaire de régulariser le problème. La deuxième méthode présentée basée sur le filtre de Wiener illustre l'apport d'une telle approche sur la qualité de l'estimée.

2.2. Méthodes des moindres carrés

Une méthode d'estimation est toujours basée sur la recherche de la meilleure estimée (notée $\hat{r}$) de la grandeur r suivant un certain critère d'optimalité. Une des plus ancienne méthode d'estimation est la méthode des "moindres carrés" développée par KARL GAUSS à la fin du 18ème siècle. Cette méthode est aujourd'hui encore très importante car elle assure une fidélité envers les données (le signal reconstruit est peu différent du signal mesuré). Même si elle ne régularise pas le problème, elle est présente dans de nombreux algorithmes de déconvolution.

En l'absence totale d'information sur la solution et sur le bruit, une approche possible est de rechercher le filtre linéaire qui minimise l'erreur résiduelle de reconstruction entre les données mesurées et les données estimées :

$$b^T b = (y - Hr)^T (y - Hr) \tag{2.1}$$

La minimisation de ce critère conduit à la solution :

$$\hat{r} = (H^T H)^{-1} H^T y \qquad (2.2)$$

De manière plus générale, une méthode appelée "moindres carrés pondérés" a été développée. Elle est basée sur la minimisation du critère :

$$C(b) = (y - Hr)^T W (y - Hr) \qquad (2.3)$$

où W est une matrice de pondération.

La minimisation de ce critère conduit à la solution [54][55]:

$$\hat{r} = (H^T W H)^{-1} H^T W y \qquad (2.4)$$

On montre que cet estimateur est non biaisé lorsque les deux conditions suivantes sont remplies: b et H sont statistiquement indépendants et b est à moyenne nulle. L'absence de biais d'un estimateur assure que la fonction de distribution de probabilité de l'estimateur est centrée autour du paramètre recherché :

$$E\left\{\hat{r}\right\} = r \text{ si } r \text{ est déterministe} \qquad (2.5)$$

$$E\left\{\hat{r}\right\} = E\left\{r\right\} \text{ si } r \text{ est aléatoire} \qquad (2.6)$$

Le meilleur estimateur linéaire non biaisé (c'est à dire l'estimateur linéaire non biaisé à variance minimale) est l'estimateur des moindres carrés pondérés dans le cas où la matrice de pondération est égale à l'inverse de la matrice de covariance du bruit (R_b) :

$$\hat{r} = (H^T R_b^{-1} H)^{-1} H^T R_b^{-1} y \qquad (2.7)$$

L'étude des équations (2.2) et (2.7) montre que, dans le cas d'un bruit blanc ($R_b = \sigma_b^2 I$ où σ_b^2 est la variance du bruit et I la matrice identité), l'estimateur non biaisé à variance minimale est égal à l'estimateur des moindres carrés. L'estimateur des moindres carrés semble donc présenter toutes les garanties statistiques de fournir une bonne estimée. Cependant, le fait que cet estimateur soit à variance minimale dans la classe des estimateurs non biaisé n'est pas suffisant pour assurer la qualité de l'estimée. En effet, il est généralement souhaitable que la variance de l'estimateur, qui chiffre la dispersion des valeurs, soit la plus faible possible. Il peut alors être préférable d'introduire un biais afin de réduire la variance [25].

La qualité d'un estimateur peut être quantifiée grâce à l'erreur quadratique moyenne (EQM) entre la solution estimée et la vraie solution :

$$EQM = E\left\{(r - \hat{r})^T (r - \hat{r})\right\} = trace\left[(H^T R_b^{-1} H)^{-1}\right] \qquad (2.8)$$

Dans le cas d'un bruit blanc, la variance de l'estimateur s'exprime sous la forme :

$$EQM = trace\left[\sigma_b^2 (H^T H)^{-1}\right] \qquad (2.9)$$

La matrice normale $H^T H$ est réelle et symétrique, elle possède donc n valeurs propres λ_i^2. Ces valeurs propres correspondent aux valeurs singulières λ_i ; de la matrice H. On montre que l'erreur quadratique moyenne est égale à :

$$EQM = \sigma_b^2 \sum_{i=1}^{n} \frac{1}{\lambda_i^2} \qquad (2.10)$$

L'équation (2.10) permet d'appréhender simultanément les deux difficultés majeures liées à la déconvolution:

- Premièrement, l'erreur est proportionnelle à la variance du bruit. Plus le signal est bruité plus la déconvolution risque de fournir une estimée erronée.
- Deuxièmement, l'erreur dépend de l'inverse des valeurs propres de la matrice normale donc du conditionnement de la matrice.

Le conditionnement d'une matrice M est mesuré par son nombre de conditionnement :

$$Cond(M) \triangleq \|M\| \|M^{-1}\| \qquad (2.11)$$

Dans le cas où la norme d'une matrice $\|M\|$ est définie par sa plus grande valeur propre $\lambda_{\max}$ alors :

$$Cond(M) = \frac{\lambda_{\max}}{\lambda_{\min}} \qquad (2.12)$$

Quand ce rapport est grand on dit que la matrice est mal conditionnée. Ce phénomène est d'autant plus fort que la réponse impulsionnelle du système est douce et que le signal est sur-échantillonné [56] car la dépendance linéaire entre les lignes de H est alors renforcée. Donc, un échantillonnage fin de la réponse impulsionnelle $h(t)$ est nécessaire pour minimiser l'erreur de discrétisation de l'équation de convolution. En pratique, la matrice normale est donc systématiquement mal conditionnée.

Pour évaluer et comparer les algorithmes proposés, nous retenons le rapport signal sur bruit (signal-to-noise ratio (SNR)) du signal temporel $y(k)$ comme étant défini par:

$$SNR = 10 \log_{10} \left(\frac{Puissance\ du\ signal\ utile}{Puissance\ du\ signal\ totale - Puissance\ du\ signal\ utile} \right) \qquad (2.13)$$

$$\text{Puissance du signal utile } = \sum_{k=T_1-P/2}^{T_1+P/2} y^2(k) + \sum_{k=T_2-P/2}^{T_2+P/2} y^2(k) + \ldots\ldots + \sum_{k=T_i-P/2}^{T_i+P/2} y^2(k)$$

$$\text{Puissance du signal totale } = \sum_{k=1}^{N} y^2(k)$$

Avec T_i est la position de la $i^{ème}$ cible *(i=1,2,...)* et P est la largeur de la cible, qui est inversement liée à la largeur de bande [22][57][58][59].

2.3. Etude des performances

Compte tenu du type de problème que nous cherchons à résoudre, il semble raisonnable de juger la qualité des résultats obtenus selon trois critères : La précision de l'instant où l'événement est détecté, la précision de la valeur estimée de l'amplitude, et éventuellement la qualité de la reconstruction. Il est à noter que ce dernier critère ne fait pas l'ensemble (la totalité) car dans le cas des problèmes mal posés, la solution n'est pas nécessairement unique. Ce critère n'a donc de valeur qu'associé aux deux précédents.

Afin d'appliquer les différentes méthodes de déconvolution, nous avons utilisé un signal synthétique représentant un cas réel de contrôle ultrasonore. Le signal résulte de la convolution entre une fonction de réflectivité constituée de cinq réflecteurs et une onde de fréquence centrale égale à 2.25Mhz avec une largeur de bande à -3dB égale à 1.27Mhz. La fréquence d'échantillonnage est de 50MHz.

La figure (2.1) représente l'onde de référence utilisée pour la convolution avec la réflectivité. La figure (2.2) représente la réflectivité et la figure (2.3) représente le signal synthétique obtenu par convolution de la réflectivité et la signature de l'onde (signal non bruité).

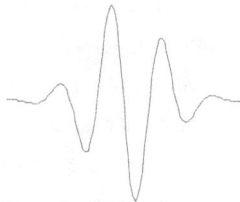

Figure 2.1 : Signature de l'onde (Onde de référence).

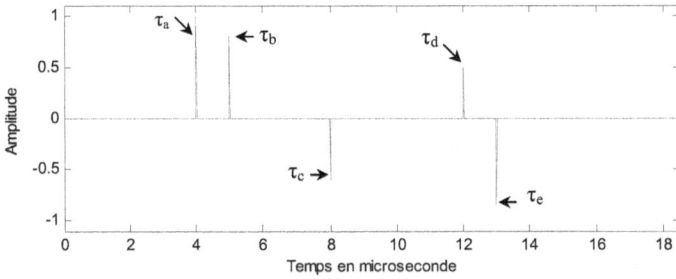

Figure 2.2 : Réflectivité synthétique utilisée pour l'obtention des signaux.

Où :

τ_a : écho de la face avant ; (position de τ_a= 4µs et l'amplitude = 1) ;

τ_b : écho de défaut rapproché de la face avant (défaut-1); (position de τ_b= 5µs et l'amplitude = 0.8) ;

τ_c : écho de défaut au milieu de la pièce (défaut-2) ; (position de τ_c= 8µs et l'amplitude = -0.6) ;

τ_d : écho de défaut rapproché de la face arrière (défaut-3); (position de τ_d=12µs et l'amplitude =0.5);

τ_e : écho de la face arrière ; (position de τ_e= 13µs et l'amplitude = -0.85) ;

On en déduit les temps de vol entre les différents échos, sont les suivants :

τ_b - τ_a = 1µs : Profondeur de défaut D1;

τ_c - τ_a = 4µs : Profondeur de défaut D2;

τ_d - τ_a = 8µs : Profondeur de défaut D3;

τ_e - τ_a = 9µs : Epaisseur de la pièce EP;

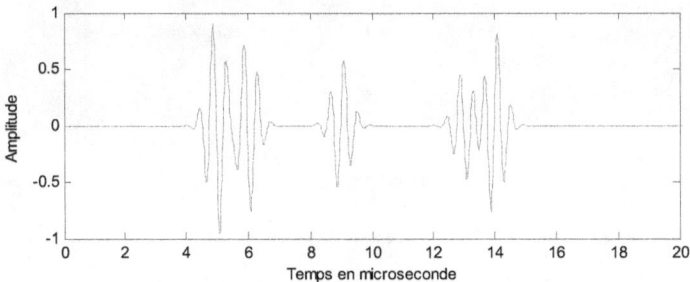

Figure 2.3 : Signal synthétique obtenu par convolution de la réflectivité et la signature de l'onde
(Signal non bruité).

Dans ce qui suit, nous prenons plusieurs pourcentages du bruit injecté dans le signal synthétique:

1. Signal noyé dans 10% du bruit, ce qui donne un SNR= 16.4dB,
2. Signal noyé dans 50% du bruit, ce qui donne un SNR= 2.83dB,
3. Signal noyé dans 80% du bruit, ce qui donne un SNR= -1.21dB,
4. Signal noyé dans 100% du bruit, ce qui donne un SNR= -3.14B.

Nous utilisons ces quatre signaux pour comparer les résultats de simulation de toutes les méthodes de déconvolution utilisées dans cette thèse.

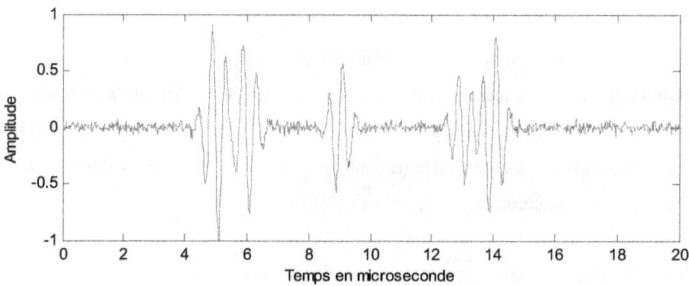

Figure 2.4 : Trace synthétique noyée dans 10% du bruit (SNR = 16.4dB).

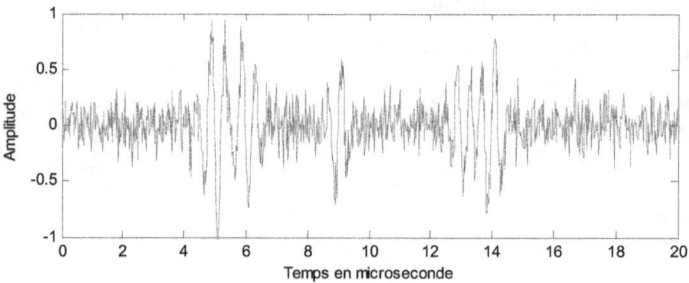

Figure 2.5 : Trace synthétique noyée dans 50% du bruit (SNR = 2.83dB).

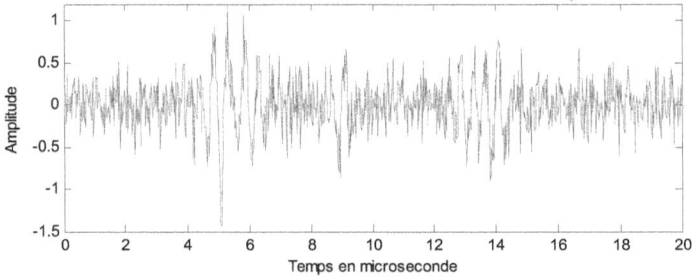

Figure 2.6 : Trace synthétique noyée dans 80% du bruit (SNR = -1.21dB).

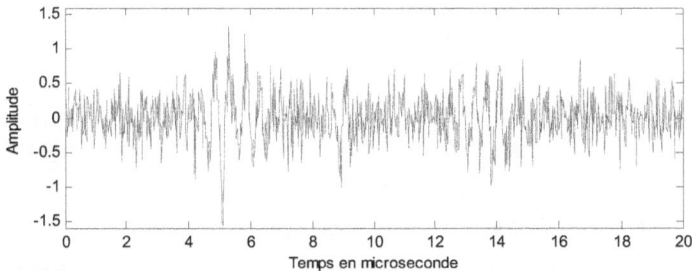

Figure 2.7 : Trace synthétique noyée dans 100% du bruit (SNR = -3.14dB).

2.4. Mesure absolue de la qualité des résultats obtenus par la déconvolution

L'étude de la performance des méthodes de déconvolution des signaux noyés dans le bruit, a été traitée dans la littérature et notamment les références bibliographiques suivantes [7][60].

L'évaluation de ce problème a généralement impliqué l'utilisation d'un ensemble d'exemples. En outre, peu d'objectivité a été utilisée dans l'évaluation relative à la "qualité" de différentes solutions au problème inverse. Le choix de la "meilleure" solution a été généralement basé sur la solution qui "paraissait" subjectivement la meilleure.

Cependant, si la réflectivité est connue alors une comparaison quantitative entre la vraie réflectivité et une réflectivité calculée peut être faite.

En effet, le degré de ressemblance entre la vraie réflectivité et la réflectivité estimée peut être calculé et représentera la qualité absolue de la méthode de déconvolution traitée.

Des paramètres conçus pour mesurer cette ressemblance, sont connus sous le nom de
« mesures absolues de qualité » (Absolute measures of goodness).

Pour évaluer objectivement les résultats obtenus par les différentes solutions résultante
des méthodes de déconvolution, nous proposons trois mesures absolues de qualité. Ces
mesures sont basées sur des comparaisons par paires entre différents éléments de la vraie
réflectivité r et la réflectivité calculée $\hat{r}$:

$$SSD = \sum_{k=1}^{L} \left(\hat{r}(k) - r(k) \right)^2 \qquad (2.14.a)$$

$$\Gamma = \sum_{\substack{k=1 \\ r(k)\neq 0 \\ \textit{vrai pics}}}^{L} \left(\hat{r}(k) - r(k) \right)^2 \qquad (2.14.b)$$

$$\psi = \sum_{\substack{k=1 \\ r(k)=0 \\ \textit{vrai zeros}}}^{L} \left(\hat{r}(k) \right)^2 \qquad (2.14.c)$$

Il est à noter que le paramètre SSD concerne la totalité des éléments de la réflectivité.
Par contre, le calcul de ψ est limité à comparer uniquement les signaux aux positions où
les zéros apparaissent dans la vraie réflectivité; il peut être ainsi considéré comme une
mesure de qualité traduisant, la quantité d'énergie de réflectivité qui a fui des vrai pics vers
les pics mal positionnés. Quant au paramètre Γ, le calcul se fait uniquement
quand $r(k) \neq 0$, ce qui veut dire la vraie localisation des pics. De petites valeurs de SSD, Γ
et ψ indiquent un bon résultat.

2.5. Résultats de la simulation

Dans ce paragraphe, nous appliquons la méthode des moindres carrés sur le signal
synthétique.

La figure (2.8) illustre le résultat de déconvolution obtenu par la méthode des moindres
carrés du signal synthétique non bruité.

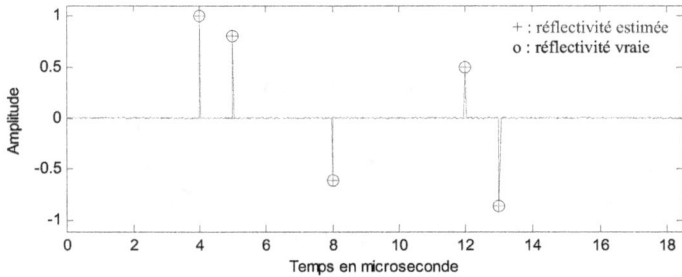

Figure 2.8 : Résultat de la déconvolution obtenu par la méthode des moindres carrés du signal synthétique non bruité.

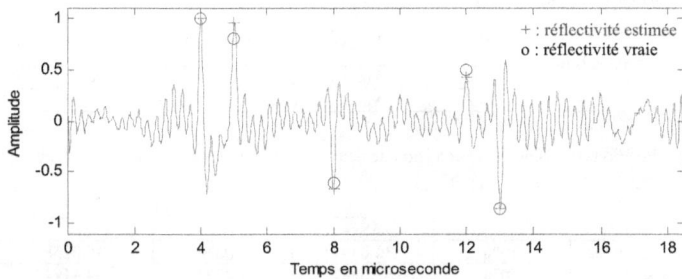

Figure 2.9 : Résultat de la déconvolution obtenu par la méthode des moindres carrés du signal synthétique noyé dans 10% du bruit (SNR = 16.4dB).

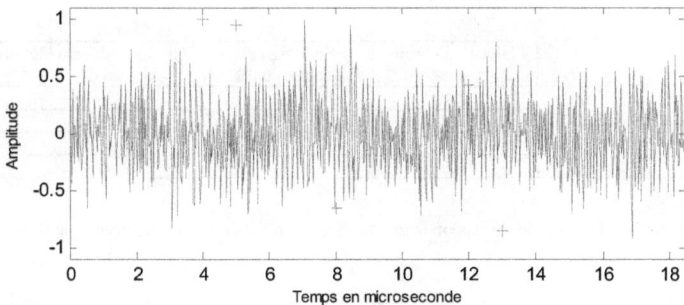

Figure 2.10 : Résultat de la déconvolution obtenu par la méthode des moindres carrés du signal synthétique noyé dans 50% du bruit (SNR = 2.83dB).

Nous remarquons que nous avons une bonne détection des cinq échos (positions et amplitudes) dans le cas du signal non bruité. Par contre dans le cas du signal bruité, nous avons une localisation moins bonne des échos (signal de sortie contient beaucoup de bruit), les résultats sont illustrés par les figures 3.9 et 3.10.

Le tableau (2.1) résume les résultats obtenus par des valeurs de positions des échos et la précision de détection en pourcentage en fonction du taux du bruit injecté au signal utile. Le tableau (2.2) montre les résultats de la mesure absolue de la qualité en fonction du taux du bruit injecté au signal utile. Quant au tableau (2.3) il présente le gain en dB du rapport signal sur bruit en fonction du taux de bruit injecté.

		Temps de vol en μs et précision en %			
		Défaut D1	Défaut D2	Défaut D3	EP
Valeur réelle		1	4	8	9
Valeurs mesurées sur le signal synthétique noyé dans le bruit	10%	1.02 $\Delta x/x=2\%$	4 0%	8 0%	9 0%
	50%	Mauvaise reconstitution de la réflectivité			
	80%	Mauvaise reconstitution de la réflectivité			
	100%	Mauvaise reconstitution de la réflectivité			

Tableau 2.1 : Positions des échos et la précision de détection en % en fonction du taux de bruit injecté.

		SSD	Γ	ψ
Valeurs mesurées sur le signal synthétique noyé dans le bruit	10%	36.0497	0.0239	36.0258
	50%	87.6487	3.2373	84.4114
	80%	87.5941	3.2584	84.3357
	100%	86.9189	3.2771	83.6418

Tableau 2.2 : Mesure absolue de la qualité en fonction du taux de bruit injecté.

	Niveau du bruit en %	SNR signal d'entrée en dB	SNR après déconvolution en dB
Valeurs mesurées sur le signal synthétique noyé dans le bruit	10%	16.4	5.34
	50%	2.83	-0.22
	80%	-1.21	-0.21
	100%	-3.14	-0.2

Tableau 2.3 : Gain en dB du rapport signal sur bruit en fonction du taux de bruit injecté.

Les trois tableaux montrent les performances de la déconvolution par la méthode des moindre carrées, on remarque que lorsque le bruit est important nous avons des mauvaises résultats. Par exemple pour 50% et plus de bruit, nous avons une mauvaise reconstitution de la réflectivité, un SSD≈87 et un petit rapport signal sur bruit, ce qui signifie un mauvais résultat. Nous estimons que cette méthode de déconvolution perd de son efficacité lorsque le niveau de bruit augmente.

La méthode des moindres carrés est applicable au cas où on recherche un paramètre déterministe perturbé par un bruit et dans la mesure où le nombre d'observations est très supérieur au nombre d'inconnues. Ceci n'est absolument pas le cas de la déconvolution. Le caractère mal-posé du problème de la déconvolution se traduit numériquement par un mauvais conditionnement de la matrice normale qui entraîne une amplification inacceptable du bruit. De ce fait, le problème de la déconvolution doit être régularisé.

2.6. Méthodes de régularisation

D'après ce qui précède, on admet qu'il est impossible d'obtenir la vraie solution à partir de données erronées ou bruitées. Plutôt que de chercher la vraie solution, nous allons tenter d'en trouver une approximation grâce à l'utilisation de méthodes dites de régularisation.

La régularisation consiste à rechercher une solution approchée de l'équation de convolution (1.3) stable vis à vis de faibles variations des données r.

Une des principales approches pour régulariser le problème de la déconvolution consiste à introduire de l'information a priori. La solution ainsi construite réalise un compromis entre la fidélité aux données mesurées (solution des moindres carrés) et la fidélité à une information a priori. Le filtrage de Wiener constitue un cas particulier d'un problème plus général de minimisation sous contrainte [61]. Le problème prend alors la forme suivante :

$$\text{Minimiser} : (C\hat{r})^T (C\hat{r}) \tag{2.15}$$

$$\text{Sous la contrainte} : (y - Hr)^T (y - Hr) = \varepsilon \tag{2.16}$$

où C est un opérateur de contrainte et y est une mesure de l'incertitude sur la solution.

L'information a priori la plus souvent utilisée est que la solution est douce (donc plusieurs fois dérivable). L'opérateur de régularisation C peut par exemple être égal à la dérivée seconde. Quel que soit l'opérateur C, la solution s'écrit :

$$\hat{r} = (H^T H + \alpha C^T C)^{-1} H^T y \tag{2.17}$$

où α est le coefficient de régularisation qui définit le degré de douceur de la solution.

L'inversion matricielle nécessaire au calcul de l'équation (2.17) peut présenter des difficultés numériques et nécessite un temps de calcul généralement élevé. Il est alors préférable d'exprimer l'équation (2.17) sous la forme fréquentielle discrète suivante:

$$\hat{R}(f) = \frac{H(f)^*}{(H^*(f)H(f) + \alpha C^*(f)C(f))} Y(f) \quad \text{où } f=0,1,...,N-1 \tag{2.18}$$

où la transformée de Fourier discrète de la séquence *{h(n)}* est définie par :

$$H(f) = \sum_{k=0}^{N-1} h(k) \exp(-2i\pi k \frac{f}{N})$$ (2.19)

Cet estimateur est biaisé, contrairement à celui des moindres carrés, mais le terme $C^*(f)C(f)$ permet de réduire considérablement sa variance [61].

Le filtrage de Wiener nécessite plus d'informations a priori que les méthodes de minimisation sous contraintes. Le filtre de Wiener est construit de manière à minimiser :

$$E\left\{(\hat{r}(i) - r(i))^2\right\}$$ pour tout *i* (2.20)

La formulation fréquentielle de ce filtre linéaire est :

$$H_{wiener}(w) = \frac{S_{ry}(f)}{S_r(f)}$$ (2.21)

Où $S_{ry}(f)$ et $S_r(f)$ représentent respectivement la densité spectrale d'interaction entre le signal recherché et le signal mesuré et la densité de puissance du signal d'entrée.

Si le bruit et le signal d'entrée sont décorrélés, alors le filtre de Wiener prend la forme:

$$H_{wiener}(f) = \frac{H^*(f)}{|H(f)|^2 + \dfrac{S_b(f)}{S_r(f)}}$$ (2.22)

où $S_b(f)$ représente la densité spectrale de puissance du bruit.

Le filtre de Wiener est le filtre linéaire optimal au sens de l'écart quadratique moyen entre le signal estimé et le signal vrai. Cette propriété est obtenue au prix d'une connaissance parfaite des densités spectrales de puissance du signal et du bruit. En l'absence de bruit, le filtre de Wiener est égal au filtre inverse. En présence de bruit, le terme $S_b(f)/S_r(f)$ stabilise la solution comme pour l'estimateur des moindres carrés sous contraintes. Ces deux méthodes sont d'ailleurs équivalentes lorsque :

$$\alpha C^T(f)C(f) = \frac{S_b(f)}{S_r(f)}$$ (2.23)

La facilité de mise en oeuvre du filtre de Wiener et son caractère optimal ont largement contribué au développement de son utilisation. Ceci est particulièrement vrai dans le domaine du CND par ultrasons où le filtrage de Wiener est la méthode de déconvolution la plus employée.

D'un point de vue théorique, le filtre de Wiener est le filtre linéaire optimal mais en pratique la densité spectrale de puissance du bruit et la densité de puissance du signal sont inconnues. Le rapport de ces deux quantités est généralement approché par une constante (notée c). Le problème reste régularisé mais le filtre n'est plus le filtre linéaire optimal sauf dans le cas particulier où le signal et le bruit sont des bruits blancs.

Pratiquement, on choisit c comme suit :

$$c^2 = \alpha \max([H(f)]^2) \qquad (2.24)$$

La constante α est prise comme l'inverse du rapport signal sur bruit. Ainsi une très faible valeur de α suffit en absence de bruit. Dans le cas contraire, on limite l'effet de la déconvolution et du bruit en augmentant α.

2.7. Résultats de la simulation

Dans ce paragraphe, nous appliquons le filtre de Wiener sur le signal synthétique avec les différents nivaux de bruit.

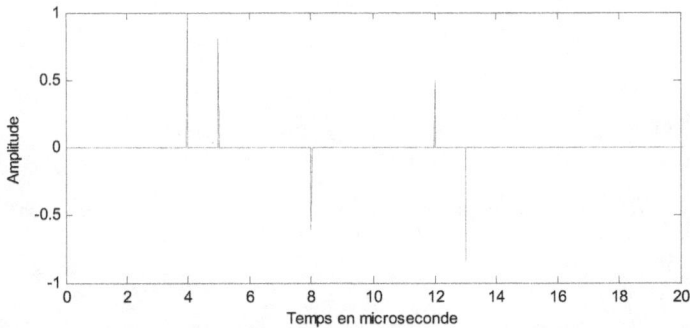

Figure 2.11: Résultat de la déconvolution obtenu par le filtre de Wiener avec la constante c=0 du signal synthétique non bruité.

Les figures (2.13) et (2.14) illustrent l'influence du choix de la constante c dans le filtrage de Wiener. Le choix de c faible conduit à un accroissement significatif de la résolution temporelle, mais également à une nette amplification du bruit (Figure 2.13.a). L'amplification du bruit peut être contrôlée en choisissant une constante plus grande mais il en résulte une amélioration de la résolution beaucoup plus faible (Figure 2.14.a). Dans les deux cas (figure 2.13.b et figure 2.14.b), l'information est correctement restaurée dans la bande de fréquences [1 - 3] MHz qui correspond à la bande passante du capteur.

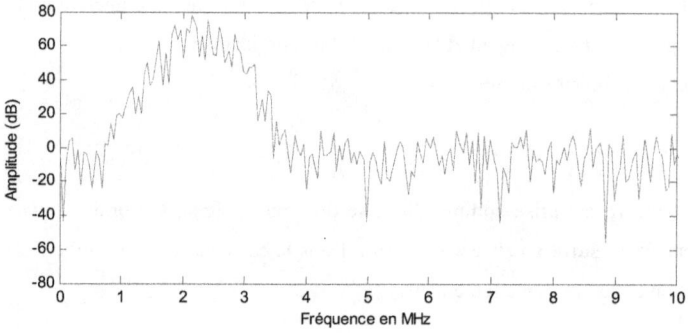

Figure 2.12 : Spectre du signal synthétique noyé dans 10% du bruit (SNR=16.4dB).

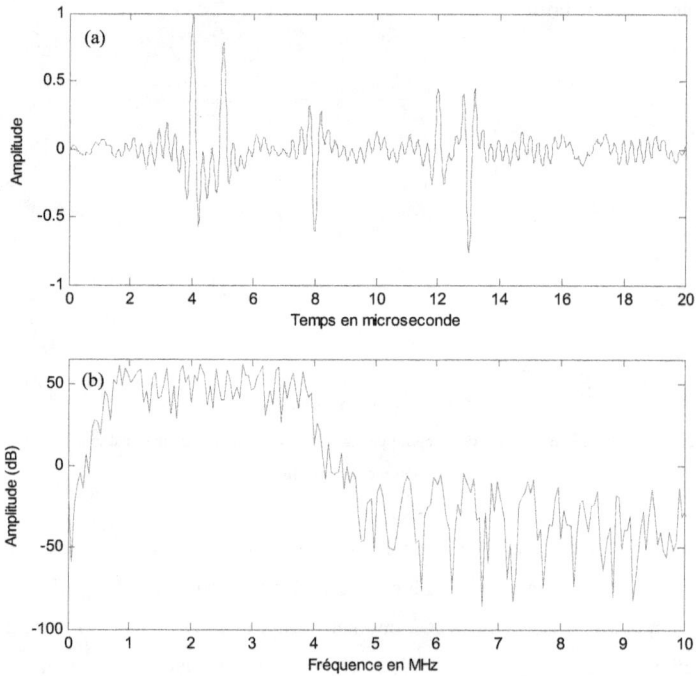

Figure 2.13 : a) Résultat de la déconvolution du signal synthétique noyé dans 10% du bruit (SNR=16.4dB)
obtenu par le filtre de Wiener avec la constante c=0.1, b) Spectre du signal (a).

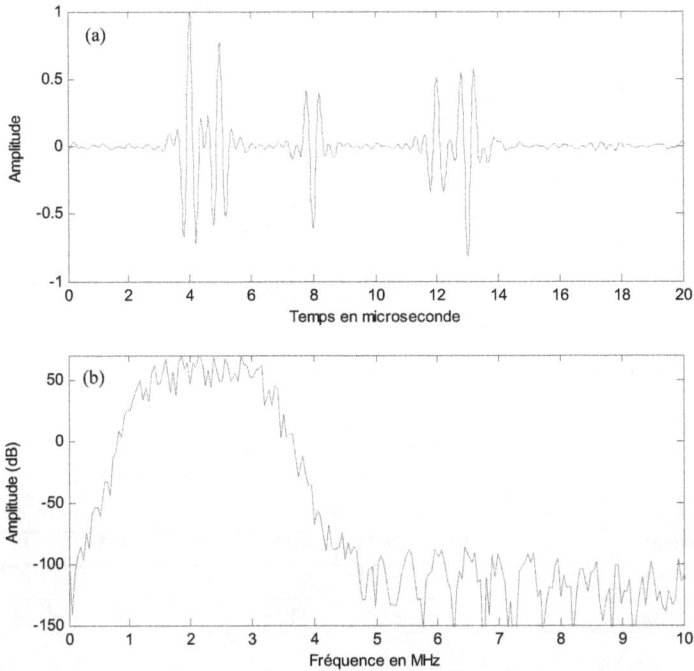

Figure 2.14: a) Résultat de la déconvolution du signal synthétique noyé dans 10% du bruit (SNR=16.4dB) obtenu par le filtre de Wiener avec la constante c=10, b) Spectre du signal (a).

Le tableau (2.4) résume les résultats obtenus par des valeurs de positions des échos et la précision de détection en pourcentage en fonction du taux du bruit injecté au signal utile. Le tableau (2.5) montre les résultats de la mesure absolue de la qualité en fonction du taux du bruit injecté au signal utile.

			Temps de vol en µs et précision en %			
			Défaut D1	Défaut D2	Défaut D3	EP
Valeur réelle			1	4	8	9
Valeurs mesurées sur le signal synthétique noyé dans le bruit	10%	c=0.1	1 0%	4 0%	8 0%	9 0%
		c=10	1 0%	4 0%	8 0%	9 0%
	50%	c=0.1	Mauvaise reconstitution de la réflectivité			
		c=10	1 0%	4 0%	8 0%	9 0%
	80%	c=0.1	Mauvaise reconstitution de la réflectivité			
		c=10	0.98 2%	3.98 0.5%	8 0%	8.98 0.2%
	100%	c=0.1	Mauvaise reconstitution de la réflectivité			
		c=10				

Tableau 2.4 : Positions des échos et la précision de détection en % en fonction du taux de bruit injecté.

		SSD		Γ		ψ	
		c=0.1	c=10	c=0.1	c=10	c=0.1	c=10
Valeurs mesurées sur le signal synthétique noyé dans le bruit	10%	21.91	28.06	0.01	0.002	21.9	28.06
	50%	63.4	28.23	0.27	0.04	63.13	28.18
	80%	72.82	31.21	0.78	0.1	72.03	31.1
	100%	77.78	33.87	1.07	0.16	76.7	33.71

Tableau 2.5 : Mesure absolue de la qualité en fonction du taux de bruit injecté.

	Niveau du bruit en %	SNR signal d'entrée en dB	SNR après déconvolution en dB	
			c=0.1	c=10
Valeurs mesurées sur le signal synthétique noyé dans le bruit	10%	16.4	10.45	24.58
	50%	2.83	0.62	11.24
	80%	-1.21	-0.54	7.49
	100%	-3.14	-0.87	5.86

Tableau 2.6 : Gain en dB du rapport signal sur bruit en fonction du taux de bruit injecté.

Les trois tableaux montrent les performances de la déconvolution par les méthodes de régularisation, on remarque que lorsque le bruit est important on a des résultats moins bons, par exemple pour un niveau du bruit de 80%, on a une précision de localisation de 2% pour le défaut D1, 0.5% pour le défaut D2, 0% pour le défaut D3 et 0.2% pour la mesure d'épaisseur, ce qui signifie un bon résultat par rapport à la méthode des moindres carrés. Nous remarquons aussi que pour des grandes valeurs de c, nous avons un bon résultat de déconvolution. Nous estimons aussi que cette méthode de déconvolution perd de son efficacité lorsque le niveau de bruit augmente.

D'après les résultats obtenus, nous remarquons l'influence sur l'estimée de la constante de régularisation du filtre de Wiener.

Les performances du filtre de Wiener sont directement liées à la bande passante du traducteur ultrasonore et au rapport signal sur bruit. L'influence de ces deux paramètres, dans le cas de signaux ultrasonores, a été étudiée notamment par G. HAYWARD et al. [24]. A cause des caractéristiques passe-bande des traducteurs ultrasonores et à cause du bruit affectant les signaux ultrasonores, le filtrage de Wiener ne permet ni de restaurer exactement le spectre du signal d'entrée ni même d'accroître significativement la résolution temporelle [25].

L'information perdue ne peut pas être restaurée correctement sans introduire de l'information a priori dans le processus de déconvolution. Sans ces informations supplémentaires, le filtre de Wiener doit se contenter de réaliser un compromis entre l'accroissement de la résolution et l'accroissement du bruit [62].

2.8. Résultats expérimentaux

Afin de valider le travail de simulation, nous avons mené des expérimentations concernant la déconvolution des signaux des trois matériaux, l'acier, l'aluminium et les matériaux composites du type CFRP.

Les figures (2.15), (2.16) et (2.17) illustrent les résultats de déconvolution pour les signaux des trois pièces d'acier (échantillon 1, échantillon 2 et échantillon 3). Les figures (2.15.a), (2.16.a) et (2.17.a) illustrent les résultats obtenus par la méthode des moindres carrés. Les figures (2.15.b), (2.16.b) et (2.17.b) illustrent les résultats obtenus par le filtre de Wiener.

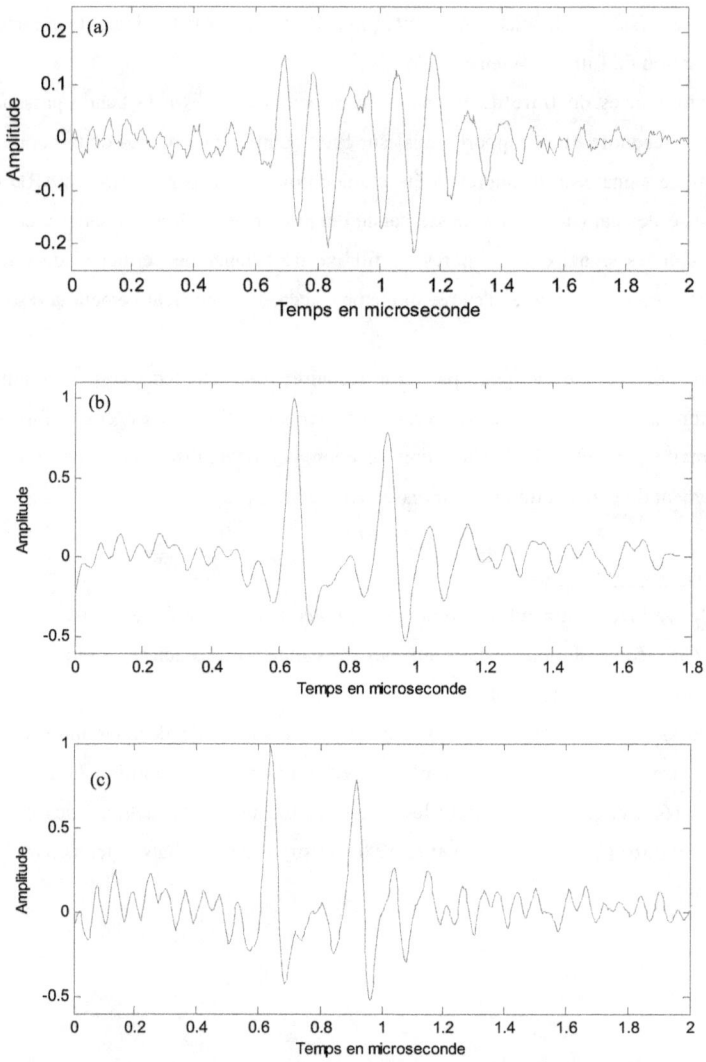

Figure 2.15 : Résultats de la déconvolution, a) Signal de la pièce d'acier (échantillon 1), b) Méthode des moindres carrés (τ_b-τ_a = 0.27µs), c) Filtre de Wiener avec c=0.5 (τ_b-τ_a = 0.27µs).

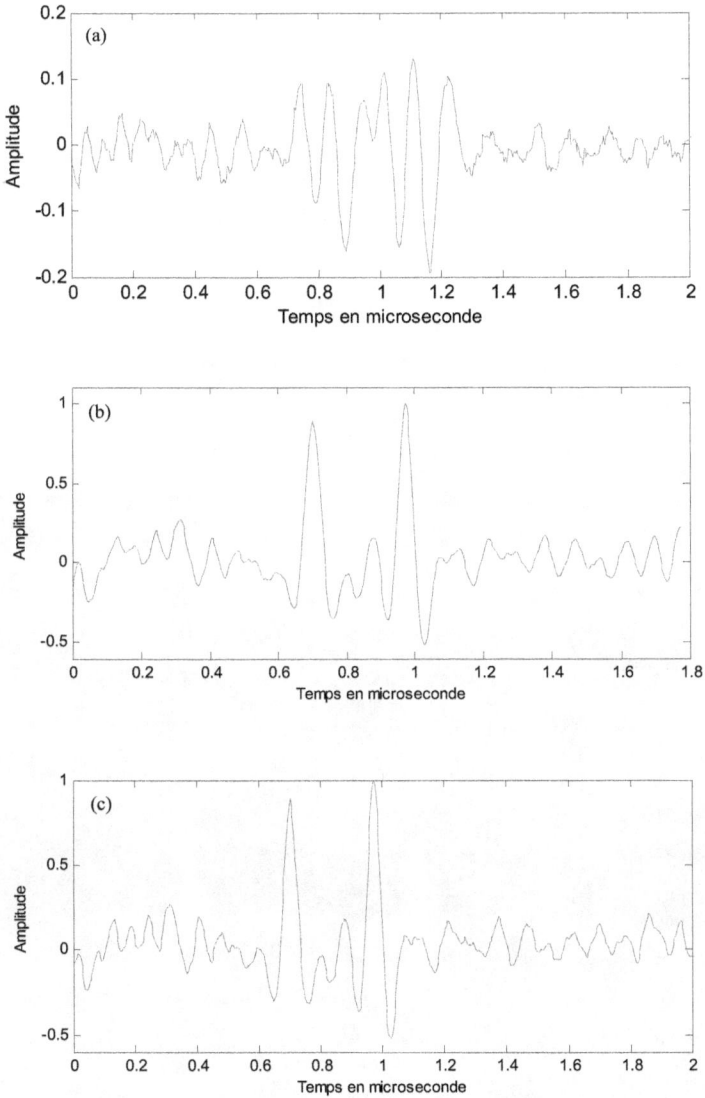

Figure 2.16 : Résultats de la déconvolution, a) Signal de la pièce d'acier (échantillon 2), b) Méthode des moindres carrés (τ_b-τ_a = 0.27 µs), c) Filtre de Wiener avec c=0.5 (τ_b-τ_a = 0.27 µs).

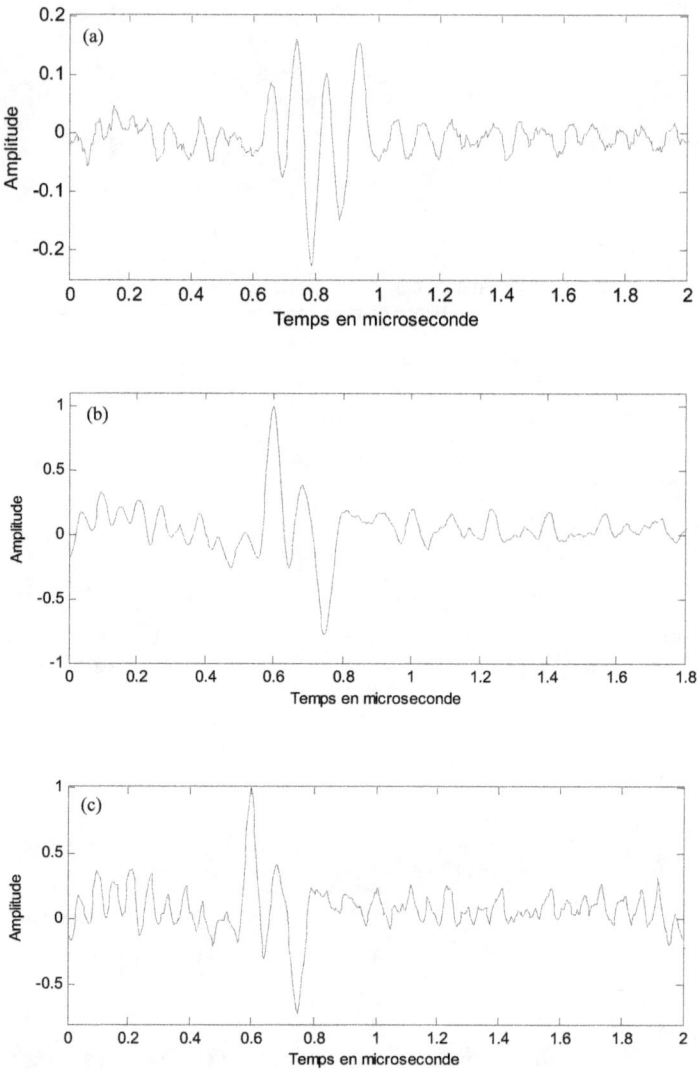

Figure 2.17 : Résultats de la déconvolution, a) Signal de la pièce d'acier (échantillon 3), b) Méthode des moindres carrés (τ_b-τ_a = 0.14µs), c) Filtre de Wiener avec c=0.2 (τ_b-τ_a = 0.14 µs).

Les figures (2.18.b) et (2.18.c) illustrent le résultat de déconvolution du signal de la pièce d'Aluminium par les deux méthodes de déconvolution déterministe (les moindres carrés et le filtre de Wiener).

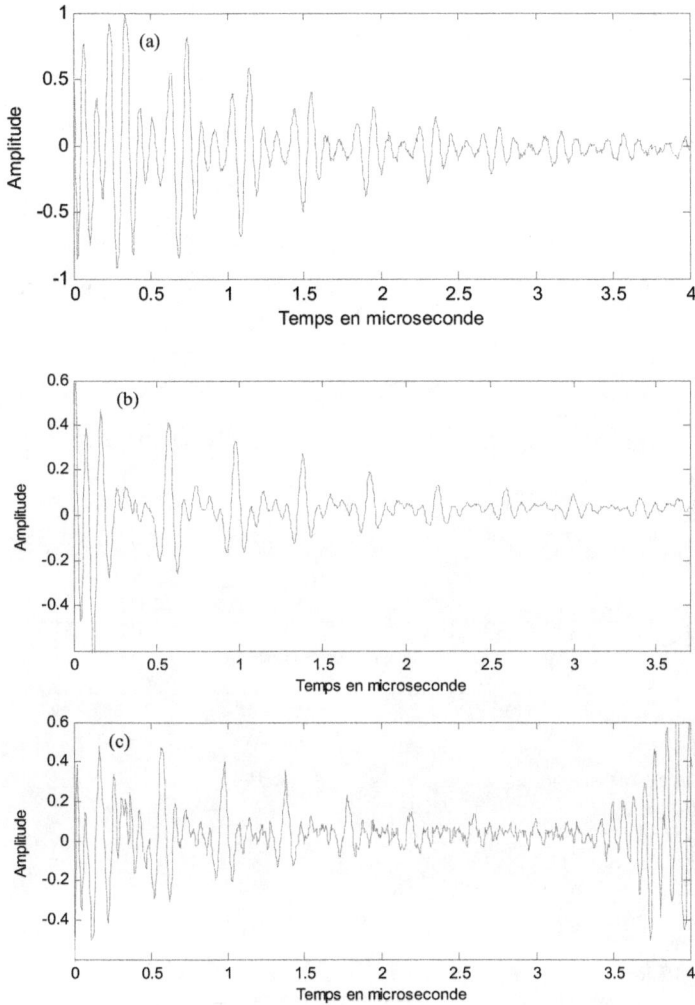

Figure 2.18 : Résultats de la déconvolution, a) Signal de la pièce d'Aluminium, b) Méthode des moindres carrés (τ_b-τ_a = 0.404µs), c) Filtre de Wiener avec c=0.5 (τ_b-τ_a = 0.396 µs).

59

Les figures (2.19), (2.20) et (2.21) illustrent les résultats de déconvolution des signaux de la pièce CFRP (zone1, 2 et 3) par les deux méthodes de déconvolution déterministe (la méthode des moindres carrés et le Filtre de Wiener).

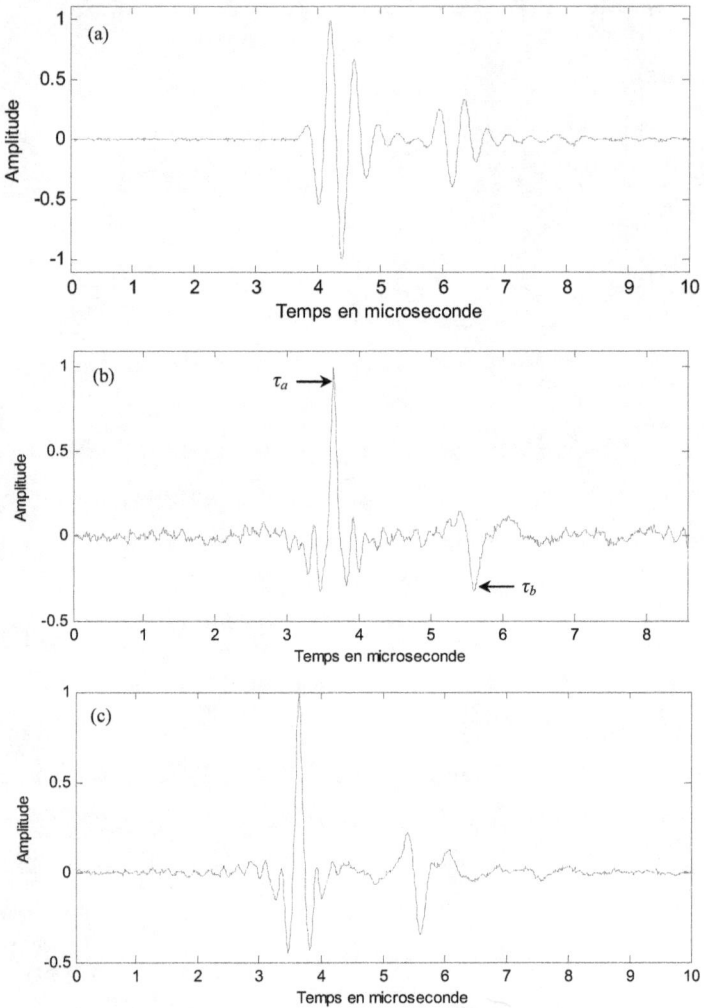

Figure 2.19 : Résultats de la déconvolution, a) Signal de la pièce CFRP (zone 1), b) Méthode des moindres carrés (τ_b-τ_a = 1.95 µs), c) Filtre de Wiener avec c=1 (τ_b-τ_a = 1.95 µs).

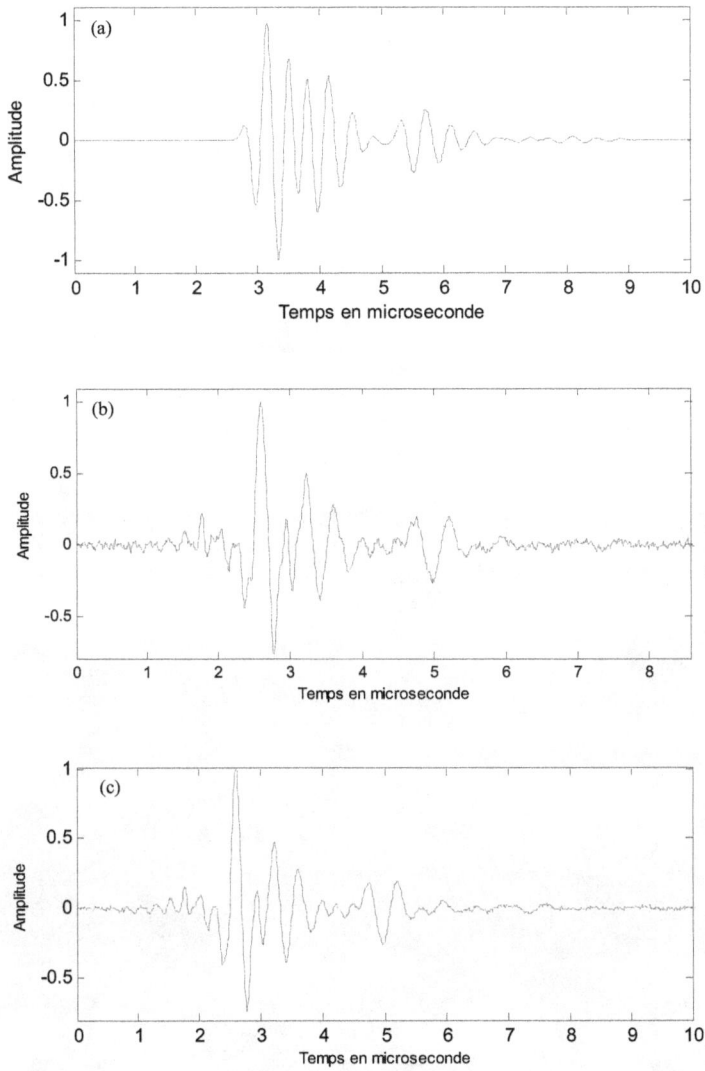

Figure 2.20 : Résultats de la déconvolution, a) Signal de la pièce CFRP (zone 2), b) Méthode des moindres carrés, c) Filtre de Wiener avec c=1.

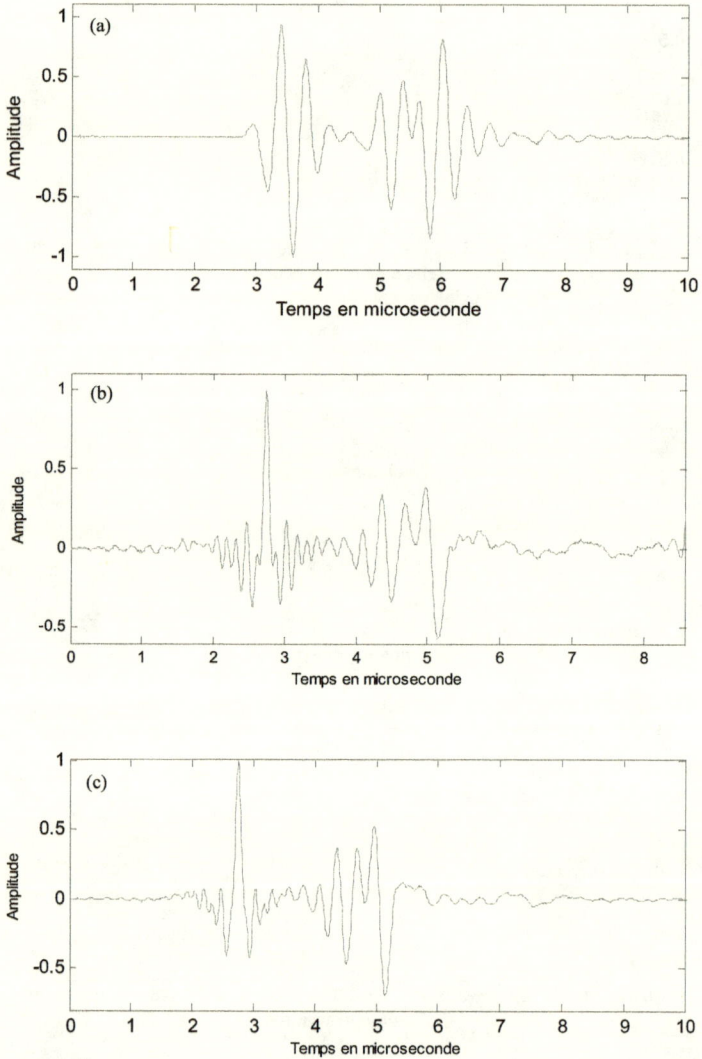

Figure 2.21 : Résultats de la déconvolution, a) Signal de la pièce CFRP (zone 3), b) Méthode des moindres, c) Filtre de Wiener avec c=1.

Dans le tableau (2.7), nous récapitulons tous les résultats obtenus par les deux méthodes de déconvolution déterministe sur les trois matériaux utilisés.

Les résultats attendus par la déconvolution sont illustrés par un signal contenant des pics « de courtes durées » et d'amplitudes élevées démontrant la présence d'échos de défauts. L'exploitation d'un tel signal revient à déterminer la position des différents pics afin d'estimer la localisation des différents défauts dans la pièce.

Dans cette partie, nous constatons que les algorithmes appliqués n'apportent pas les informations escomptées. Les figures (2.15), (2.16), (2.17), (2.18), (2.19), (2.20) et (2.21) ressemblent beaucoup aux signaux d'entrée. Leur interprétation par des inspecteurs en CND serait difficile.

		Déconvolution		Valeur réelle
		Méthode des moindres carrés	Méthodes de régularisation	(mm)
Acier	échantillon 1 (deux défauts rapprochés)	0.27µs 0.79mm 1.25%	0.27µs 0.79mm 1.25%	0.8mm
	échantillon 2 (deux défauts rapprochés)	0.27µs 0.79mm 1.25%	0.27µs 0.79mm 1.25%	0.8mm
	échantillon 3 (deux défauts rapprochés)	0.14µs 0.41mm 36.6%	0.14µs 0.41mm 36.6%	0.3mm
Aluminium (Epaisseur de la pièce)		0.404µs 1.272mm 6%	0.396µs 1.247mm 3.9%	1.2mm
CFRP (zone 1) (Epaisseur de la pièce)		1.95µs 2.75mm 2.99%	1.95µs 2.75mm 2.99%	2.67mm
CFRP (zone 2)	Epaisseur de la pièce	2.4µs 3.39mm 2.72%	2.37 µs 3.35mm 1.5%	3.3mm
	Position de délamination (écho de défaut proche de la face avant)	0.63µs 0.89mm 41%	0.63µs 0.89mm 41%	0.63mm
CFRP (zone 3)	Epaisseur de la pièce	2.37µs 3.35mm 1.5%	2.39µs 3.38mm 2.42%	3.3mm
	Position de délamination (écho de défaut proche de la face arrière)	1.75µs 2.47mm 11%	1.77µs 2.5mm 12.6%	2.22mm

Tableau 2.7 : Mesure d'épaisseur et de profondeur du défaut avec précision en %.

Les mesures effectuées dans le tableau (2.7) sont réalisées sur les signaux obtenus par ces algorithmes.

Dans le tableau (2.7), nous constatons que les résultats de déconvolution dans l'acier sont satisfaisants. Nous avons obtenu une précision de détection de 1.25% pour la pièce d'Acier (échantillon 1 et 2) ce qui signifie un bon résultat.

Pour la mesure d'épaisseur de la pièce d'aluminium, nous obtenons une précision de détection de 6% par la méthode des moindres carrés et 3.9% par les méthodes de régularisation.

A travers les résultats obtenus sur le matériau composite (Tableau 2.7), nous constatons que les deux méthodes donnent une précision de détection de 2.99% dans la mesure d'épaisseur de la pièce CFRP (zone 1).

Nous avons obtenu une précision de détection de 41% pour la détection de défaut de délamination dans la zone 2 de la pièce CFRP par les deux méthodes. Quant au défaut de délamination de la zones 3 nous avons obtenu une précision de détection de 11% par la méthode de déconvolution par les moindres carrées et une précision de détection de 12.6% par le filtre Wiener.

Nous constatons que les résultats sont satisfaisants puisque la précision de détection est inférieure à 3% dans le cas de la mesure d'épaisseur d'un matériau composite. Quant au positionnement du défaut de délaminage, nous considérons que les algorithmes développés dans cette partie ne sont pas très précis. En effet, le défaut de délaminage proche de la face avant est localisé avec une précision de 41%.

Nous verrons dans la suite de ce travail, comment ce résultat est amélioré.

2.9. Conclusion

Dans ce chapitre, nous avons montré que la restauration de l'entrée d'un système à partir de sa sortie bruitée est un problème difficile, même dans le cas où la réponse impulsionnelle du système est parfaitement connue. Une partie de l'information caractérisant le signal d'entrée est perdue du fait de la bande passante limitée du filtre et en raison du bruit aléatoire affectant les mesures.

Les méthodes de déconvolution non régularisées dont l'unique critère de qualité est la minimisation de l'erreur quadratique entre le signal mesuré et le signal reconstruit fournissent généralement des solutions inacceptables. Ces solutions sont instables vis à vis des faibles perturbations du signal mesuré et n'ont pas toujours de signification physique. Ce résultat a été illustré grâce à la méthode des moindres carrés.

Pour obtenir une solution numériquement stable, il est nécessaire de régulariser le problème de déconvolution. Une des approches les plus classiques, à savoir le filtrage de Wiener, a été présentée. Les méthodes de régularisation permettent de reconstruire correctement le signal d'entrée pour des fréquences incluses dans la bande passante du filtre. Mais ces méthodes ne peuvent compenser la perte d'information. Au mieux, elles permettent de réaliser un compromis entre l'accroissement du support spectral restauré et l'amplification du bruit.

Dans le cas particulier des signaux ultrasonores, le signal à restaurer est beaucoup plus large-bande que la fonction de transfert du filtre. Ceci explique les résultats médiocres obtenus avec les méthodes classiquement utilisées comme le filtrage de Wiener.

Il est donc nécessaire de mettre en oeuvre d'autres méthodes de déconvolution qui ne se contente pas de régulariser le problème. Ces méthodes sont basées sur la minimisation d'une norme L^p et la prise en compte des caractéristiques des signaux ultrasonores. Ces méthodes font l'objet du chapitre suivant.

CHAPITRE 3

DECONVOLUTION SEMI AVEUGLE

3.1. Introduction

L'objectif poursuivi est, rappelons le, de s'affranchir des distorsions induites par le traducteur pour restaurer, à partir du signal ultrasonore les caractéristiques du matériau contrôlé. Une partie de l'information liée au matériau est perdue à cause des limitations physiques du capteur. Pour compenser cette perte, il est nécessaire d'utiliser le maximum d'informations a priori sur les caractéristiques du signal à restaurer.

L'étude de l'interaction entre les défauts et le faisceau ultrasonore a permis d'établir une formulation simplifiée du signal ultrasonore. Ce signal s'exprime comme une somme de répliques pondérées, décalées et déphasées d'un même signal incident. Dans la suite, la séquence de réflectivité à restaurer est constituée a priori d'un petit nombre d'impulsions déphasées très localisées.

La déconvolution s'apparente alors au problème de l'estimation des instants d'arrivée, des amplitudes et des phases de chaque impulsion. L'estimation, dans un signal bruité, des instants d'arrivée et des amplitudes d'impulsions de formes connues est un problème ancien qu'on retrouve dans de nombreux domaines tels que, par exemple, la surveillance radar, les communications numériques ou la spectroscopie [63].

La phase est, par contre, une grandeur beaucoup plus rarement prise en compte. Parmi les études portant sur la déconvolution de signaux ultrasonores et intégrant la phase, on peut citer principalement et presque exclusivement [64][65].

Dans ce chapitre, nous proposons deux méthodes de déconvolution semi aveugle, la première est la déconvolution par minimisation d'une norme L^P et la deuxième est la déconvolution par un processus Bernouilli-Gaussienne.

3.2. Déconvolution par minimisation d'une norme L^P

3.2.1. Etude bibliographique

Beaucoup de méthodes ont été proposées pour l'amélioration de la résolution des systèmes. Diverses techniques de déconvolution ont été également proposées pour augmenter la résolution. La déconvolution est essentiellement un procédé d'estimation. Le développement de la déconvolution a été étroitement associé au progrès de la théorie d'estimation, les techniques du traitement de signal et les améliorations de la puissance informatique.

Dans ce qui suit, nous présentons les travaux qui ont été élaborés sur les méthodes de déconvolution basées sur la norme L^P.

R. YARLAGADDA et al. [66][67] proposent deux algorithmes de déconvolution semi aveugle de la norme L^P pour les signaux sismiques. Il s'agit de l'IRLS (Iterative Reweighted Least Squares) et du RSD (Residual Steepest Descent). Dans le premier algorithme, la transformée de Fourier rapide a été utilisée pour améliorer la vitesse de convergence. Quant au deuxième algorithme (RSD), il résout itérativement une équation récurrente. En termes de complexité informatique, l'algorithme RSD est plus simple que l'algorithme IRLS. Des simulations ont été présentées pour tester la robustesse de chaque algorithme.

S. MOTTELET et P. SIMARD [68] présentent un algorithme de déconvolution utilisant la minimisation d'une norme L^2. Cette approche par l'analyse numérique se justifie par la nature du problème à résoudre, c'est-à-dire la restauration d'une propriété se présentant sous la forme d'une séquence peu dense d'impulsions. De nombreux essais ont permis de montrer que cet algorithme permettait une bonne localisation des pics, et une bonne restitution des amplitudes pourvu que l'onde utilisée corresponde bien à celle qui intervient dans la convolution des mesures. L'expérience permet d'affirmer que des problèmes pourront apparaître lorsque la densité des pics augmente. En particulier, lorsque deux pics d'amplitude voisine se succèdent, l'algorithme a tendance à déterminer un événement entre les deux. Les performances seront également moins bonnes lorsque le contenu fréquentiel de l'onde s'appauvrit et que celle ci devient très oscillante; mais ce problème est commun à tous les algorithmes de déconvolution. Cet algorithme présente quelques avantages décisifs, tout d'abord, il permet d'effectuer la déconvolution dans le cadre L^2, ce qui permet une interprétation physique simple des quantités calculées (en terme d'intercorrélation ou d'énergie par exemple), et fournit un résultat meilleur que l'inversion L^2 classique sans utiliser de terme de pénalisation. Il est par ailleurs extrêmement simple à mettre en oeuvre.

Enfin, non seulement il est d'une complexité réduite, et donc rapide, mais il est possible de limiter la recherche au nombre de pics souhaités, ce qui lui confère une grande souplesse d'utilisation.

M. S. O'BRIEN et al. [60] présentent une méthode de déconvolution basée sur la norme L^1. Ils ont montré les avantages définis par rapport à la méthode des moindres carrés conventionnels pour la récupération des réponses impulsionnelles des systèmes de séparation des trains d'impulsions. Les auteurs démontrent la méthodologie et l'objectivité qui peuvent être utilisées pour le choix du paramètre d'atténuation. Les résultats obtenus par la méthode L^1 sont encourageants sur les données réelles. Les mêmes auteurs [69] appliquent la méthode de minimisation de la norme L^1 pour la détermination de la réponse impulsionnelle des défauts détectés dans des exemples pratiques de contrôle non destructif ultrasonore dans un réacteur nucléaire. L'implémentation de la technique a été faite par la méthode de programmation linéaire simplex (Simplex linear programming method).

J. XIN et N. M. BILGUTAY [70] montrent que les techniques de déconvolution sont capables de fournir un perfectionnement de haute résolution. Mais, ils exigent la connaissance a priori complète du système, qui n'est pas disponible en général. L'histogramme spectral est semblable en nature à la fonction de transfert d'un filtre de Wiener et peut être employé pour estimer la fonction système pour la déconvolution. Les résultats de simulation prouvent que l'effet de l'interférence des cibles sur l'histogramme spectral dans la région maximale de spectre de cible est marginal. L'histogramme spectral s'avère un outil acceptable pour l'estimation de la fonction système dans le cas multi cible. Une combinaison de la technique d'estimation non linéaire (histogramme spectral) et la méthode de déconvolution linéaire augmente la détection des cibles multiples. L'exécution de l'algorithme de déconvolution est très sensible au bruit. L'algorithme de minimisation non linéaire fournit une résolution comparable, en plus des possibilités supérieures de suppression de bruit.

Cette étude nous conduit à développer la déconvolution par la norme L^P et de l'appliquer à notre problème.

3.2.2. Principe de la méthode

Le principe de la déconvolution par minimisation d'une norme L^P consiste à résoudre le problème :

$$\min_{x \in R^n} J_p(x) = \|y - Hx\|_p^p + \eta \|x\|_p^p \qquad (3.1)$$

Où $\|x\|_p^p = (\sum_i |x_i|^p)$, p étant un nombre réel compris entre 1et 2. Le vecteur x réalisant le minimum de $J_P(x)$ sera noté $\hat{r}$. La fonction $J_p(x)$ comporte deux termes. Le premier représente un résidu entre l'observation y et la reconstruction Hx. Le second est un terme de pénalisation (parfois appelé "préblanchiment" ou "perturbation de la diagonale"), qui permet de limiter l'influence du bruit b sur l'estimation de r.

Le procédé le plus naturel consiste à résoudre (3.1) pour $p=2$. On est alors en présence d'un problème classique de moindres carrés, dont la solution est :

$$\hat{r} = (H^T H + \eta I)^{-1} H^T y \qquad (3.2)$$

La solution obtenue par (3.2) est parfaite en absence de bruit, mais devient inexploitable en présence de bruit. Dans le cas non pénalisé $\eta = 0$, la présence de bruit additif introduit un nombre considérable de pics parasites: on obtient une estimation de r diffuse et répartie sur tous les échantillons, qui ne correspond pas à ce que l'on cherche (une séquence d'impulsions peu dense).

Dans le cas pénalisé $\eta \neq 0$, le terme de pénalisation conduit à un étalement des pics là encore incompatible avec la solution recherchée, et qui nuit à la résolution.

Partant de cette constatation, H. L. TAYLOR et al. [71] ont montré la possibilité d'utiliser la norme L^1 dans ce cas. On cherche alors à minimiser :

$$J_1(x) = \|y - Hx\|_1 + \eta \|x\|_1 \qquad (3.3)$$

Ce problème peut se mettre facilement sous la forme d'une minimisation d'une fonction linéaire sous contraintes linéaires (au prix d'un doublement du nombre de variables mises enjeu), problème classiquement résolu par l'algorithme du simplexe. Cet algorithme est très lourd et très gourmand en mémoire; c'est pourquoi ont été proposées des méthodes itératives ne tenant pas compte du caractère linéaire du problème. Deux de ces méthodes ont été proposées par R. YARLAGADDA et al. [66][67], il s'agit de l'IRLS et le RSD. Plus récemment S. MOTTELET et al. [68] ont proposé un algorithme rapide particulièrement efficace du point de vue numérique, et dont les résultats expérimentaux étaient équivalents à ceux obtenus avec l'IRLS.

Cependant ces algorithmes posent de nombreux problèmes lorsque l'on essaye de justifier leurs performances d'un point de vue théorique.

L'idée consiste à utiliser le même type d'algorithme itératif en utilisant cette fois la norme L^2. Le cadre hilbertien, perdu avec L^1, est retrouvé, et permet une meilleure justification des résultats.

3.2.3. Algorithme séquentiel de déconvolution L^2

a. La méthode de gradient à pas optimal (steepest descent)

Soit le problème :

$$\min_{x \in R^n} J_p(x) \tag{3.4}$$

La solution peut être obtenue à l'aide de la méthode du gradient à pas optimal, dont l'algorithme est le suivant :

$$x^{(k+1)} = x^{(k)} + \rho^{(k)} d^{(k)}, \qquad pour \quad k > 0 \tag{3.5}$$

Où $x^{(0)} \in \Re^N$ est donné, $d^{(k)} = -\nabla_x J_p(x^{(k)})$ Le pas optimal $\rho(k)$ est la solution du problème de minimisation unidimensionnelle :

$$\min_{\rho} J(x^{(k)} + \rho^{(k)} d^{(k)}) \tag{3.6}$$

Si cet algorithme est utilisé sous sa forme classique, dans le cas $p = 2$, il conduit à la même solution que celle obtenue avec la méthode directe. L'algorithme de déconvolution en norme L^1 présenté dans [27] reprend le principe de cette méthode mais introduit une modification quant au choix de la direction de descente $d^{(k)}$. Plutôt que d'agir simultanément sur toutes les composantes de $x^{(k)}$, on choisit d'agir uniquement sur la composante présentant la plus forte dérivée partielle en valeur absolue. L'algorithme que nous allons présenter lui est similaire, mais il utilise cette fois la norme L^2, ce qui permet d'obtenir une expression formelle du pas optimal ρ, alors que dans le cas L^1, ce pas optimal doit être recherché à l'aide d'un algorithme de minimisation.

b. Description de l'algorithme

Nous utilisons maintenant la fonction coût :

$$J_2(x) = \frac{1}{2}\|y - Hx\|^2 + \eta\|x\|^2 \qquad (3.7)$$

Pour des questions de clarté nous allons un instant omettre le numéro d'itération $^{(k)}$.
Notons :

$$g = \nabla J(x) = -H^T r + \eta x \qquad (3.8)$$

Il s'agit, pour $\eta = 0$, du produit d'intercorrélation entre h et le résidu $r = y - Hx$.

Conformément à la remarque précédente, on définit la direction de descente :

$$d = [0 \quad 0 \quad .... \quad 0 \quad -g_{Jopt} \quad 0 \quad ... \quad 0 \quad 0]^T \qquad (3.9)$$

Soit $d_j = -g_{Jopt}\eta_{J,Jopt}$, où J_{opt} est le numéro de la composante présentant la plus grande dérivée partielle $J_{opt} = \max_j |g_j|$.

La recherche du pas optimal revient à trouver ρ solution du problème :

$$\min_\rho J(x - \rho d) \qquad (3.10)$$

Ce pas peut être obtenu de façon formelle. En effet en écrivant :

$$J(x + \rho d) = \frac{1}{2}\|y - H(x + \rho d)\|^2 + \eta\|(x + \rho d)\|^2 \qquad (3.11)$$

et en annulant sa dérivée par rapport à ρ on obtient :

$$\rho = \frac{d^T d}{d^T(H^T H + \eta I)d} \qquad (3.12)$$

qui, compte tenu de la structure particulière de d, se met sous la forme :

$$\rho = \frac{1}{H^T H + \eta} \qquad (3.13)$$

Où h est le vecteur contenant les échantillons de l'onde. Ce résultat remarquable exprime le fait que le pas optimal est constant et égal, dans le cas $\eta = 0$, à l'inverse de l'énergie de l'onde. Il peut donc être calculé une fois pour toutes au début de l'algorithme. Nous avons donc l'algorithme suivant :

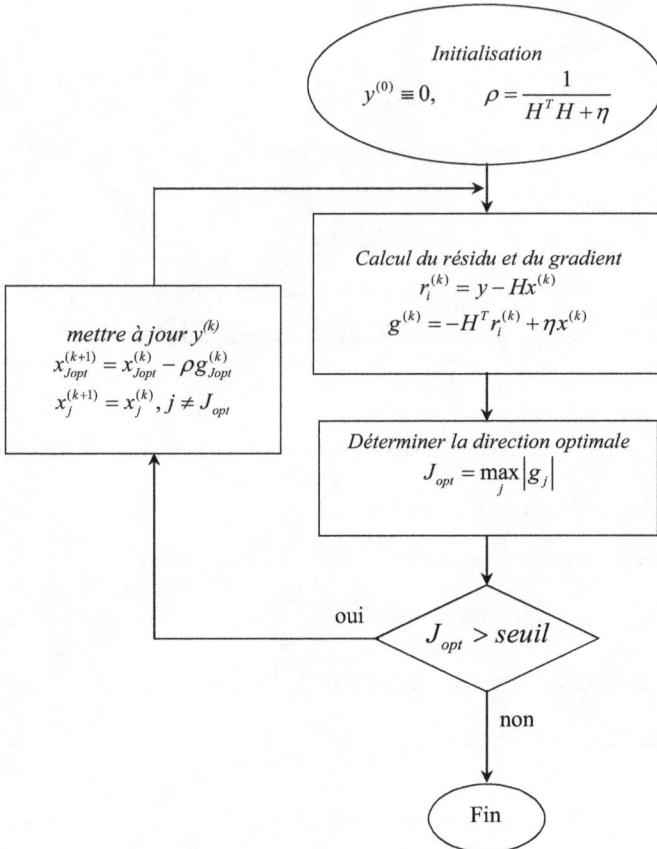

Figure 3.1 : Algorithme de déconvolution de norme L^2.

On peut déterminer de façon arbitraire le nombre de boucles à effectuer ou spécifier un critère d'arrêt quelconque. Chaque passage détermine l'événement qui a le plus d'importance pour expliquer le résidu. En particulier, si l'on prend $\eta = 0$, on peut montrer que les amplitudes des pics obtenus sont décroissantes. Lorsque l'on choisit la valeur $\eta = 0$ (pas de pénalisation), l'algorithme conduit à une méthode intuitive : il s'agit d'un filtrage optimal (corrélation de x avec h) suivi d'une détection. Le filtrage optimal permet de conserver un rapport signal sur bruit raisonnable, et la détection évite une estimation diffuse de r. Cette méthode intuitive trouve ici sa justification du point de vue de l'optimisation.

La valeur $\eta = 0$ apparaît être la plus naturelle au vu des résultats que nous avons obtenus. En effet, même en présence de bruit additif, l'algorithme se comporte très bien, pour peu que l'on limite le nombre d'itérations pour ne pas faire apparaître trop de pics parasites. Le choix d'un η non nul se justifie normalement dès que l'on est en présence de bruit additif. Les résultats que nous avons obtenus montrent que si on ne limite pas le nombre d'itérations par un test d'arrêt adéquat, on obtient une estimation diffuse de r, problème identique rencontré avec la méthode L^2 directe. Comme test d'arrêt pour éviter ce problème, on peut par exemple stopper l'algorithme dès qu'il propose un pic d'amplitude supérieure à celui obtenu précédemment.

On a donc le choix dans le traitement du bruit. Soit on prend $\eta = 0$ et on limite le nombre d'itérations, soit on choisit η en rapport avec le rapport signal sur bruit et on utilise le test d'arrêt proposé ci-dessus. Pour nos essais nous avons utilisé la première de ces deux options.

3.2.4. Résultats de la simulation

La méthode décrite concerne la déconvolution dite de signature. Cette dernière n'étant pas disponible, nous estimons une signature présumée proche de la signature réelle. Ceci nous amène à mesurer la qualité des résultats obtenus en fonction des erreurs commises sur le choix de cette signature (onde utilisée).

Pour cela, nous avons généré quatre ondes modifiées à partir de l'onde de référence, de fréquence 2.25 MHz, de la façon suivante : (Figure 3.2)

- Onde-1 : Onde avec une largeur de bande plus grande ;
- Onde-2 : Onde avec une fréquence centrale fc=2Mhz ;
- Onde-3 : Onde bruitée par addition d'une séquence blanche gaussienne ;
- Onde-4 : Onde déphasée.

Onde de référence

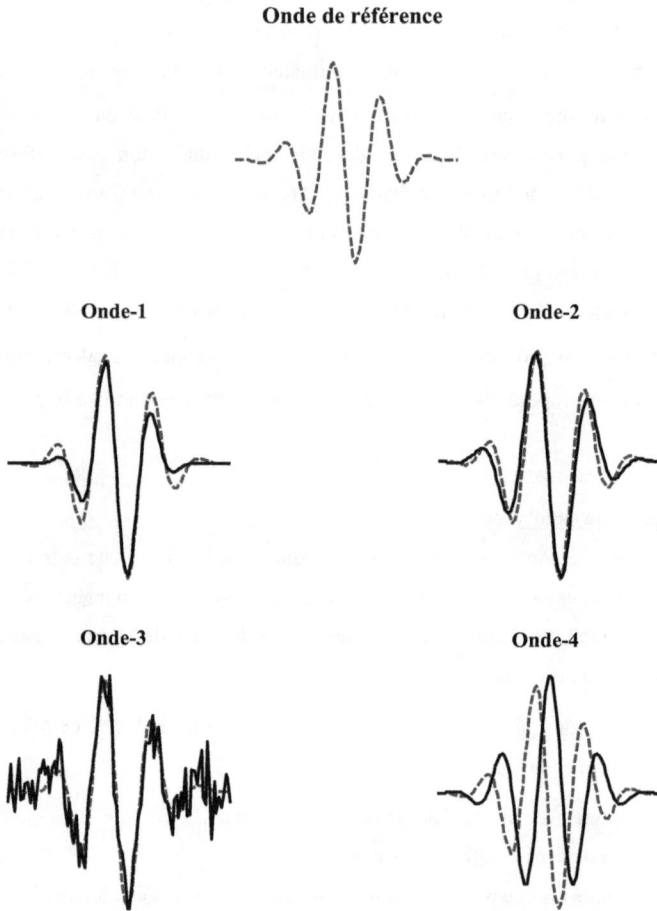

Onde-1

Onde-2

Onde-3

Onde-4

Figure 3.2 : Ondes utilisées pour la déconvolution.

Les figures (3.3) et (3.4) illustrent les résultats de l'application de la déconvolution par la norme L² du signal synthétique noyé dans 50% et 100% du bruit en utilisant les quatre ondes.

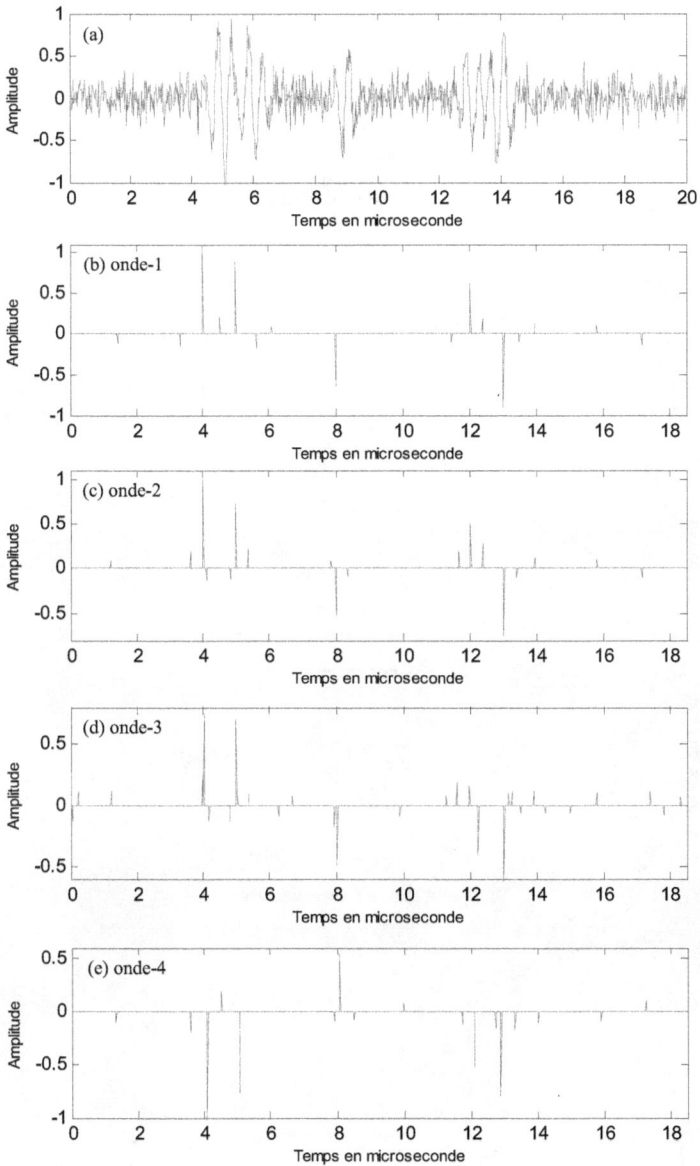

Figure 3.3: Résultats de la déconvolution par la norme L^2, a) Signal d'entrée (trace synthétique noyée dans 50% du bruit), b) Déconvolution avec onde-1, c) Déconvolution avec onde-2, d) Déconvolution avec onde-3, e) Déconvolution avec onde-4.

75

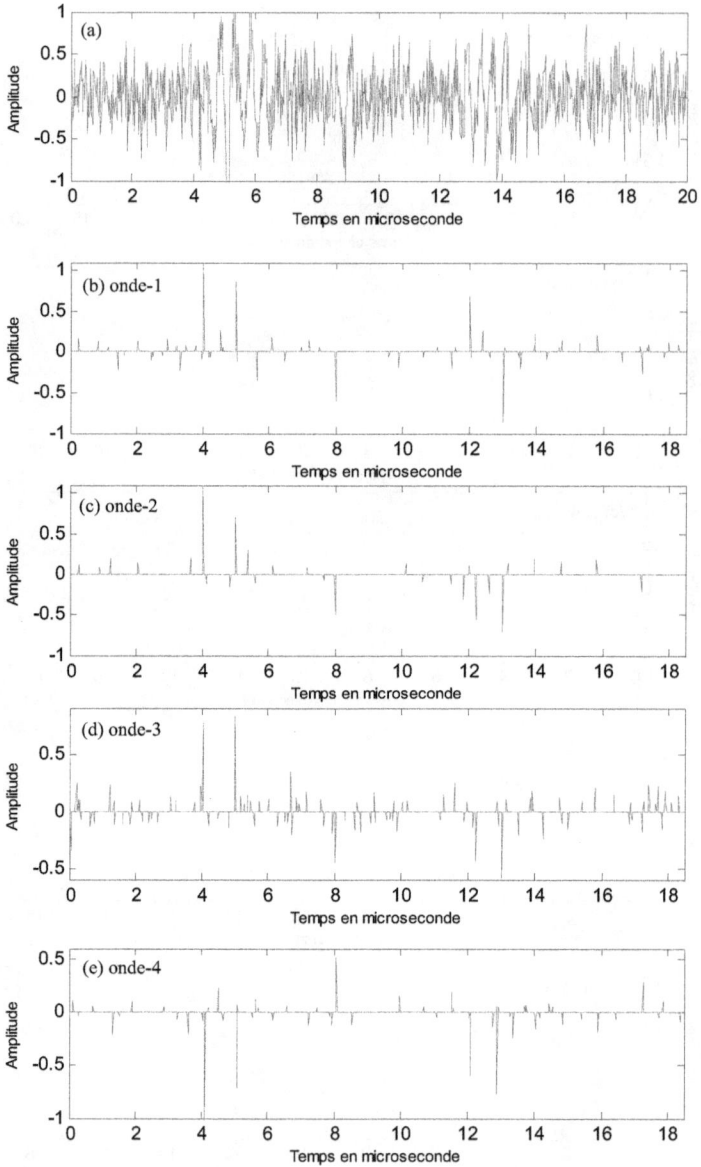

Figure 3.4: Résultats de la déconvolution par la norme L^2 , a) Signal d'entrée (trace synthétique noyée dans
100% du bruit), b) Déconvolution avec onde-1, c) Déconvolution avec onde-2,
d) Déconvolution avec onde-3, e) Déconvolution avec onde-4.

A partir des résultats obtenus par la norme L^2, nous remarquons que nous avons une bonne détection des échos en utilisant les quatre ondes, mais lorsque le niveau du bruit augmente nous avons l'apparition des pics indésirables.

Le tableau (3.1) résume les résultats obtenus par des valeurs de positions des échos et la précision de détection en pourcentage en fonction du taux du bruit injecté au signal utile. Le tableau (3.2) présente les résultats de la mesure absolue de la qualité en fonction du taux du bruit injecté au signal utile. Le tableau (3.3) présente le gain en dB du rapport signal sur bruit en fonction du taux de bruit injecté.

			Temps de vol en µs et précision en %			
			Défaut D1	Défaut D2	Défaut D3	EP
Valeur réelle			1	4	8	9
Valeurs mesurées sur le signal synthétique noyé dans le bruit	10%	Onde-1	1 Δx/x=0%	4 0%	8 0%	9 0%
		Onde-2	1 0%	4 0%	8 0%	9 0%
		Onde-3	0.98 2%	3.98 0.5%	8.22 2.75%	8.98 0.22%
		Onde-4	0.98 2%	3.98 0.5%	7.98 0.25%	8.98 0.22%
	50%	Onde-1	1 0%	4 0%	8 0%	9 0%
		Onde-2	1 0%	4 0%	8 0%	9 0%
		Onde-3	0.98 2%	4 0%	8.2 2.5%	8.98 0.22%
		Onde-4	0.98 2%	3.98 0.5%	7.98 0.25%	8.78 2.4%
	80%	Onde-1	1 0%	4 0%	8 0%	9 0%
		Onde-2	1 0%	4 0%	8.22 2.75%	1 0%
		Onde-3	0.98 2%	4 0%	8.2 2.5%	8.98 0.22%
		Onde-4	0.98 2%	3.98 0.5%	7.98 0.25%	8.78 2.4%
	100%	Onde-1	1 0%	4 0%	8 0%	9 0%
		Onde-2	1 0%	4 0%	8.22 2.75%	1 0%
		Onde-3	0.98 2%	4 0%	8.2 2.5%	8.98 0.22%
		Onde-4	0.98 2%	3.98 0.5%	7.98 0.25%	8.78 2.4%

Tableau 3.1 : Positions des échos et la précision de détection en % en fonction du taux de bruit injecté.

			SSD	Γ	ψ
Valeurs mesurées sur le signal synthétique noyé dans le bruit	10%	Onde-1	0.1215	0.0473	0.0743
		Onde-2	0.2340	0.0102	0.2238
		Onde-3	2.1857	1.3094	0.8764
		Onde-4	5.8962	2.9725	2.9237
	50%	Onde-1	0.2823	0.0586	0.2237
		Onde-2	0.3366	0.0205	0.3162
		Onde-3	3.0808	1.6709	1.4099
		Onde-4	6.0136	2.9725	3.0411
	80%	Onde-1	0.5985	0.0758	0.5227
		Onde-2	1.1173	0.2827	0.8346
		Onde-3	3.9604	1.7132	2.2472
		Onde-4	6.2543	2.9725	3.2818
	100%	Onde-1	1.13	0.0915	1.0384
		Onde-2	1.1659	0.1976	0.9683
		Onde-3	5.2662	1.6803	3.5860
		Onde-4	6.4808	2.9725	3.5083

Tableau 3.2 : Mesure absolue de la qualité en fonction du taux de bruit injecté

	Niveau du bruit en %	SNR signal d'entrée en dB	SNR après déconvolution en dB			
			Onde-1	Onde-2	Onde-3	Onde-4
Valeurs mesurées sur le signal synthétique noyé dans le bruit	10%	16.4	inf	inf	inf	inf
	50%	2.83	18.81	20.17	10.52	18.81
	80%	-1.21	12.79	13.56	4.87	11.69
	100%	-3.14	9.57	11.57	1.44	9.9

Tableau 3.3: Gain en dB du rapport signal sur bruit en fonction du taux de bruit injecté.

Les trois tableaux montrent les performances de la déconvolution par la norme L^2, nous remarquons que la forme d'onde influe sur les résultats de déconvolution.

Nous remarquons aussi que la précision de détection égale à 0% pour l'onde-1 quel que soit le niveau de bruit pour les trois défauts (D1, D2 et D3) et la mesure d'épaisseur.

La précision de détection est comprise entre 0% et 2.75% pour les trois autres ondes (onde-2, onde-3 et onde-4).

Dans la mesure absolue de la qualité, nous remarquons que nous avons obtenu de bons résultats comparés aux résultats obtenus par les méthodes de déconvolution déterministes. Nous remarquons aussi que les résultats de déconvolution par l'onde-1 donnent un SSD petit quel que soit le niveau de bruit.

Les résultats montrent la bonne performance de cette méthode, un gain très satisfaisant pour les quatre types d'ondes, le calcul du gain n'est pas possible lorsque le niveau de bruit est égal à 10%, puisque nous avons constaté une absence totale du bruit. Pour cela, nous avons mentionné par « inf » dans le tableau, l'obtention de la détection de tous les échos.

3.3. Déconvolution Bernouilli-Gaussienne

3.3.1. Introduction et étude bibliographique

La réflectivité recherchée se compose d'un petit nombre de réflecteurs très localisés. Cette information a priori peut être exprimée soit sous forme paramétrique soit sous forme statistique [72][63]. L'inconvénient de l'approche paramétrique est de nécessiter la connaissance précise du nombre de réflecteurs. Ceci constitue en général un problème à part entière qu'il n'est pas toujours possible de résoudre de façon satisfaisante.

L'approche adoptée, dans cette partie, est l'approche statistique introduite initialement par J. J. KORMYLO et J. M. MENDEL. Chaque échantillon de la fonction de réflectivité est supposé être la réalisation d'un processus Bernoulli-Gaussien (BG) [30]. Par définition, un processus de Bernoulli est un processus discret et binaire dont les réalisations sont égales soit à zéro soit à un. La valeur zéro traduit l'absence d'impulsion et la valeur un la présence d'une impulsion. La variable aléatoire gaussienne commande l'amplitude de chaque réflecteur. Un des intérêts du modèle Bernoulli-Gaussien est la possibilité d'estimer séparément les instants d'arrivée et les amplitudes des réflecteurs.

La déconvolution de signaux BG s'apparente à un problème de détection de la séquence de Bernoulli optimale et d'estimation des amplitudes gaussiennes associées.

Une fonction appelée vraisemblance permet de mesurer l'adéquation entre le signal reconstruit à partir de la réflectivité BG estimée et les données observées. Le processus BG optimal est celui pour lequel cette fonction de vraisemblance est maximale. En l'absence d'une expression analytique du maximum de cette fonction, il est nécessaire, pour trouver son maximum global, de tester de manière exhaustive l'ensemble des séquences de Bernoulli possibles. Cette tache étant beaucoup trop longue même pour des signaux comportant peu d'échantillons, la recherche du maximum de la vraisemblance est restreinte à un petit nombre de configurations dites "voisines".

L'utilisation du processus BG pour modéliser des fonctions multi-impulsionnelles date des travaux de J. J. KORMYLO et J. M. MENDEL sur la déconvolution de données sismiques [30]. Depuis, de nombreuses études ont permis d'approfondir cette voie. Ces études ont porté principalement sur:

- Le choix du critère de vraisemblance [73],
- La définition des séquences voisines [74][75],
- L'étude des problèmes algorithmiques liés à la maximisation du critère de vraisemblance. Les problèmes algorithmiques dépendent notamment de la modélisation du système utilisée :

- Modélisation ARMA [76],

- Modélisation MA [77][78][79][80][81][82],

- L'étude de la robustesse de l'algorithme [83],

- L'étude des performances de l'algorithme [84],

La méthode présentée ci-après est une procédure itérative de déconvolution de signaux BG, basée sur une représentation par moyenne ajustée (MA) de l'onde [79]. Les développements qui suivent sont très proches de ceux de J. M. MENDEL et al., ce qui n'est pas étonnant dans la mesure où les modèles des signaux aussi bien que le critère à optimiser sont très proches. Par contre, on met ici en évidence une structure algorithmique très simple, du type moindres carrés récurrents, qui n'a pas été exploitée par les précédents auteurs. On est ainsi en mesure d'effectuer simultanément les opérations de détection et d'estimation, et de réduire le volume des calculs en même temps que la complexité de mise en oeuvre.

3.3.2. Formulation du problème

Sous les hypothèses de linéarité des phénomènes et d'additivité du bruit d'observation, l'équation entrée-sortie du système s'écrit :

$$y(k) = \sum_{i=1}^{L} h(i)r(k-i) + b(k) \qquad 1 \le k \le N \qquad (3.14)$$

où y, r et b représentent respectivement les observations, la réflectivité inconnue et le bruit d'observation. De manière à simplifier les calculs, on suppose que l'onde h ne varie pas au cours du temps et que son support est de L échantillons. Les résultats s'étendent facilement au cas d'une onde non stationnaire. Par concaténation des échantillons de y, b et r dans des vecteurs y, b et r de dimensions respectives N, N et $N-L+1$, l'équation (3.14) peut être réécrite sous forme matricielle (chapitre 2) :

$$y = Hr + b \qquad (3.15)$$

où H contient les échantillons décalés de l'onde h. Le bruit b est supposé indépendant de r, blanc, gaussien centré et de variance σ_b.

$r(k)$: est une v.a. gaussienne centrée de variance $\sigma_r t(k)$.

$t(k)$: est une v.a. de Bernoulli de paramètre λ.

3.3.3. Le modèle Bernoulli-Gaussien

La séquence de réflectivité se compose a priori de quelques impulsions très localisées. Ce phénomène imprévisible n'est corrélé ni au passé ni au futur. La traduction statistique de cette information a priori est de considérer la réflectivité comme une séquence blanche composée d'une suite de variables aléatoires indépendantes identiquement distribuées selon un modèle Bernoulli-Gaussien. La formulation la plus intuitive du processus Bernoulli-Gaussien s'exprime sous la forme d'un produit entre deux variables aléatoires (Figure 3.5):

$$r(k) = t(k)a(k) \qquad (3.16)$$

où $t(k)$ est la variable aléatoire (v.a.) qui contrôle la position temporelle des réflecteurs. Cette v.a. est régie par une loi de Bernoulli de paramètre λ :

$$\begin{cases} P(t(k)=1) = \lambda \\ P(t(k)=0) = 1-\lambda \end{cases} \qquad (3.17)$$

et $a(k)$ est une v.a. gaussienne centrée qui contrôle les amplitudes associées à chaque réflecteur.

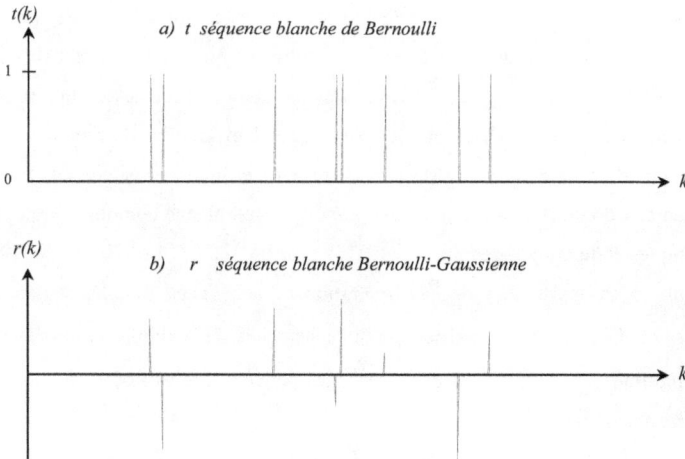

Figure 3.5: Processus Bernoulli-Gaussien.

Une faible valeur de λ permet de générer une séquence peu dense d'impulsions. Ce paramètre est à rapprocher du nombre de réflecteurs qui intervient dans l'approche paramétrique. Le paramètre λ pouvant être assimilé à une densité de réflecteurs, les incertitudes sur ce paramètre entraînent moins d'erreurs d'estimation que si l'incertitude portait sur le nombre exact de réflecteurs.

Les paramètres déterministes dont dépendent les densités de probabilité a priori, à savoir $(\lambda, \sigma_r, \sigma_b)$ sont appelés les hyperparamètres du problème et sont dans la suite, supposés connus. En effet, dans le cas des signaux ultrasonores, il est généralement possible d'estimer assez précisément leurs valeurs. La variance du bruit σ_b est estimée sur une partie du signal ne comportant que du bruit, la variance du signal σ_r est une valeur inférieure ou égale à un (car chaque échantillon non nul de la séquence de réflectivité a une amplitude comprise entre zéro et un), le paramètre λ est fixé en fonction du nombre approximatif de réflecteurs composant la séquence de réflectivité et du nombre de points total de la séquence de réflectivité.

3.3.4. Estimation des paramètres par maximisation de la vraisemblance

Connaissant la réponse impulsionnelle du système et la valeur des hyperparamètres, le but est de restaurer la fonction de réflectivité. L'estimation des paramètres régissant la distribution de variables aléatoires est classiquement obtenue en maximisant une fonction de vraisemblance. Cette approche repose sur une idée intuitive simple. En fonction des paramètres, les réalisations des variables aléatoires prennent différentes valeurs. Donc pour une réalisation donnée, il est plus vraisemblable que cette réalisation ait été obtenue avec un certain jeu de paramètres plutôt qu'un autre. L'estimation de paramètres au sens du maximum de vraisemblance (MV) consiste à déterminer la valeur des paramètres qui attribue aux données observées la plus grande vraisemblance compte tenu des descriptions statistiques et du modèle retenu.

Dans le cas particulier de la restauration de séquences BG, les variables à estimer sont (t, r). Ceci nécessite la détection de la séquence de Bernoulli optimale et l'estimation des amplitudes associées. Les deux variables peuvent être estimées simultanément ou de manière séquentielle [73].

L'estimation de la séquence de Bernoulli est obtenue par maximisation de la vraisemblance a posteriori:

$$\hat{t} \triangleq \arg\max_{t} \left[p(t \mid y) \right] \tag{3.18}$$

La vraisemblance a posteriori s'exprime, en appliquant la règle de Bayes, sous la forme:

$$V_{MP}(t) \propto p(t \mid y) \propto p(y \mid t)p(t) \tag{3.19}$$

L'expression de chacun des deux termes composant $V_{MP}(t)$ est facile à déterminer. Pour une séquence t donnée, y est une variable aléatoire gaussienne centrée (car c'est la somme de deux v.a. gaussiennes centrées) dont la densité de probabilité s'exprime sous la forme:

$$p(y \mid t) = \frac{1}{\sqrt{(2\pi)^N |B|}} \exp\left(-\frac{y^T B^{-1} y}{2}\right) \tag{3.20}$$

où:

N : représente le nombre total de points du signal,

B : est la matrice de covariance.

D'après la définition de y, la matrice de covariance est égale à:

$$B = H\Pi H^T + \sigma_b I \tag{3.21}$$

où H est proportionnelle à la matrice de covariance de r connaissant t qui, dans le cas d'un processus BG, s'écrit:

$$\Pi = \sigma_r T \qquad \text{avec} \qquad T \triangleq Diag\{t(k)\}_{1 \le k \le N} \tag{3.22}$$

La séquence de Bernoulli t est composée de variables aléatoires indépendantes identiquement distribuées selon une loi Bernoulli de paramètre λ, d'où:

$$p(t) = \lambda^{n_e}(1-\lambda)^{N-n_e} \tag{3.23}$$

où n_e représente le nombre de réflecteurs non nuls présents dans une séquence t donnée.

L'objectif est de déterminer le maximum de la fonction $V_{MP}(t)$ ou de manière équivalente le maximum d'une fonction monotone croissante dépendant de $V_{MP}(t)$.

Vu l'expression de la vraisemblance, les calculs sont plus simples dans le cas où c'est le maximum du logarithme de la vraisemblance qui est recherché. On note $LV_{MP}(t) = \ln(V_{MP}(t))$. Le logarithme de la vraisemblance s'exprime, aux constantes près, sous la forme:

$$LV_{MP}(t) = -y^T B^{-1} y - n_e \left(\ln(2\pi\sigma_r) + 2\ln\left(\frac{1-\lambda}{\lambda}\right) \right)$$ (3.24)

L'expression précédente peut être développée afin de faire apparaître explicitement la réflectivité estimée [25]:

$$LV_{MP}(t) = -\frac{(y - H\hat{r})^T (y - H\hat{r})}{\sigma_b} - \frac{\hat{r}^T T\hat{r}}{\sigma_r} - n_e \left(\ln(2\pi\sigma_r) + 2\ln\left(\frac{1-\lambda}{\lambda}\right) \right)$$ (3.25)

où $\hat{r}$ est la réflectivité estimée, pour une séquence de Bernoulli $\hat{t}$ donnée. Cette estimée est obtenue par maximisation de la vraisemblance a posteriori :

$$\hat{r} \triangleq \arg\max_r \left[p(r \mid \hat{t}, y) \right]$$ (3.26)

Dans la mesure où le modèle est linéaire et dans la mesure où b et r sont des variables aléatoires gaussiennes, l'estimée $\hat{r}$ est unique et peut être calculée explicitement grâce à la relation [79]:

$$\hat{r} = PH^T \sigma_b^{-1} y$$ (3.27.a)

$$P = \Pi - \Pi A \Pi$$ (3.27.b)

$$A = H^T \left(H \Pi H^T + \sigma_b I \right)^{-1} H$$ (3.27.c)

$$\Pi = \sigma_r T$$ (3.27.d)

On reconnaît dans (3.27) les formules classiques d'estimation d'une grandeur gaussienne par maximum a posteriori, et dans Π et P respectivement les matrices de covariance d'estimation a priori et a posteriori. Les équations (3.27) traduisent simplement le fait qu'à séquence de Bernoulli donnée, r est gaussien. La structure linéaire de l'estimateur et le fait que t intervienne dans (3.27) comme une condition initiale sont les points clé de l'établissement de l'algorithme itératif.

L'expression de $LV_{MP}(t)$ (équation 4.25) est fondamentale pour comprendre les caractéristiques de la méthode d'estimation et l'influence des hyperparamètres:

- Le terme $\dfrac{(y - H\hat{r})^T (y - H\hat{r})}{\sigma_b}$ correspond à l'erreur de reconstruction.

Ce terme dépend d'une part de l'erreur entre le signal reconstruit et le signal estimé et dépend d'autre part de l'inverse de l'hyperparamètre représentant la variance du bruit. Plus la valeur choisie pour cet hyperparamètre (et non le niveau de bruit réel du signal) est faible, plus l'erreur de reconstruction est forte. Donc une sous-estimation de la valeur de la variance du bruit peut entraîner un accroissement du nombre de réflecteurs non nuls détectés afin de diminuer artificiellement l'erreur de reconstruction.

- Le terme $\dfrac{\hat{r}^T T \hat{r}}{\sigma_r}$ peut s'interpréter comme la norme de la réflectivité estimée.

  Afin de minimiser ce terme la fonction de réflectivité doit donc être a priori composée d'un petit nombre de points non nuls.

- Le terme $2n_e \ln\left(\dfrac{1-\lambda}{\lambda}\right)$ pénalise explicitement l'estimation de tout nouveau réflecteur (à cause du facteur n_e) lorsque λ est inférieur à $\frac{1}{2}$. Plus λ est faible, plus la pénalisation est forte.

3.3.5. Algorithme BG

La maximisation exacte de LV_{MP} défini par (3.25) nécessiterait de calculer r et la valeur correspondante du critère pour les 2^N réalisations possibles de la séquence de Bernoulli. Comme mentionné plus avant, un tel calcul est inenvisageable, et même en n'essayant qu'une partie des réalisations possibles de t, on souhaite ne pas avoir à faire un calcul complet des $\hat{r}$ et LV_{MP} correspondants. Pour cela, on définit la notion de séquences voisines de la manière suivante: deux séquences de Bernoulli sont voisines si elle diffèrent par une et une seule de leurs composantes. Puis, pour explorer l'ensemble des réalisations possibles de t, on procède de manière séquentielle, en passant d'une séquence de Bernoulli à une séquence qui lui est voisine. Une telle manière de faire se justifie seulement si on dispose d'équations simples liant les valeurs de $\hat{r}$ et LV_{MP} correspondant à deux séquences voisines. De telles équations sont établies ci-après. Il s'agit là d'une étape indispensable pour l'application de cette méthode à des données de dimensions réalistes.

Se pose enfin la question de la stratégie d'exploration des différentes réalisations possibles de t. La plus simple consiste, en partant d'une valeur initiale t_0, à essayer toutes les séquences t qui lui sont voisines, à retenir celle qui rend LV_{MP} maximum, et à recommencer jusqu'à atteindre un maximum relatif. C'est très exactement la technique proposée par J. J. KORMYLO et J. M. MENDEL avec le détecteur SMLR (Single Most Likely Replacement) [30]. On établit ci-dessous les équations liant les valeurs des estimées et des critères de deux séquences voisines.

3.3.5.1. Relation entre estimées et critères de deux séquences voisines

Dans la suite, on indexe respectivement par 0 et k les grandeurs relatives à la séquence de Bernoulli initiale et à celle qui en diffère par sa composante d'indice k, et on appelle v_k le vecteur de dimension N dont toutes les composantes sont nulles sauf celle d'indice k qui est égale à 1. Les équations (3.27) montrent que pour trouver la relation entre $\hat{r_k}$ et $\hat{r_0}$, il suffit de trouver celle qui lie P_k à P_0. On pourrait penser que, par application répétée du lemme d'inversion de matrice et en faisant intervenir les inverses des matrices P_k et $\prod_k$, le problème trouve une solution immédiate. Malheureusement, P_k et $\prod_k$ ne sont généralement pas inversibles en raison des zéros de la séquence t_k, ce qui interdit une telle démarche. On est donc contraint de travailler sur les quantités elles-mêmes et non sur leurs inverses, ce qui constitue la principale difficulté pour l'établissement des équations. On ne donne dans ce qui suit que les grandes lignes de la démonstration. Pour les détails, se reporter à [79].

Partant de :

$$\prod_k = \prod_0 \pm v_k \sigma_r v_k^T \qquad (3.28)$$

où le signe $\pm$ correspond à l'addition ou la suppression d'un 1 à la séquence t_0, par application du lemme d'inversion de matrice à (3.27.c), il est facile d'établir que :

$$A_k = A_0 - A_0 v_k \rho^{-1} v_k^T A_0 \qquad (3.29a)$$

$$\rho_k = \pm \sigma_r^{-1} + v_k^T A_0 v_k \qquad (3.29b)$$

L'expression de P_k est ensuite obtenue en utilisant (3.27.b). Les calculs sont fastidieux et ne sont pas présentés ici. En notant :

$$a_k = \prod_0 A_0 v_k \qquad (3.30)$$

on parvient à l'expression suivante :

$$P_k = P_0 + (a_k - v_k)\rho_k^{-1}(a_k - v_k)^T \tag{3.31}$$

En reportant cette dernière équation dans (3.27.a) et en utilisant l'identité :

$$\Pi_0 H^T \left(H \Pi_0 H^T + \sigma_b I \right)^{-1} = P_0 H^T \sigma_b^{-1} \tag{3.32}$$

On obtient finalement :

$$\widehat{r_k} = (a_k - v_k)\rho_k^{-1} v_k^T H^T \sigma_b^{-1}(y - H\widehat{r_0}) \tag{3.33}$$

La relation entre les estimées correspondant à deux séquences voisines peut donc être exprimée à l'aide des équations :

$$\widehat{r_k} = (a_k - v_k)\rho_k^{-1} v_k^T H^T \sigma_b^{-1}(y - H\widehat{r_0}) \tag{3.34.a}$$

$$\rho_k = \pm\sigma_r^{-1} + v_k^T A_0 v_k \tag{3.34.b}$$

$$a_k = \Pi_0 A_0 v_k \tag{3.34.c}$$

$$A_k = A_0 - A_0 v_k \rho^{-1} v_k^T A_0 \tag{3.34.d}$$

L'algorithme (3.34) a une structure simple qui rappelle fortement celle des algorithmes du type moindres carrés récurrents. Cependant, celui-ci ne fait pas intervenir explicitement les matrices de covariance d'erreur d'estimation P_0 et P_k. En effet, si a_k peut être exprimé en fonction de P_0, il n'en est pas de même pour ρ_k. Cela traduit le caractère en général non inversible de P_0. On est donc contraint de remplacer une récurrence sur P par une récurrence sur A, ce qui a des effets négatifs sur le volume des calculs: P a une dimension effective $(n_e \times n_e)$ alors que A est de dimension $(N \times N)$. L'algorithme (3.34) est néanmoins intéressant dans le contexte de la déconvolution itérative, car l'équation (3.34.d) qui sert à la mise à jour de A n'est utilisée que lorsque l'on retient la séquence t_k de préférence à t_0, ce qui se produit rarement, surtout si l'on démarre la procédure à proximité de la solution. En ce qui concerne le critère, la technique la plus simple et la moins pénalisante d'un point de vue volume des calculs consiste à l'évaluer pour chaque valeur de $\hat{r}_k$, en utilisant (3.25).

3.3.5.2. Procédure itérative

Comme indiqué plus haut, la stratégie adoptée pour l'exploration des séquences possibles consiste, en partant d'une séquence initiale, à essayer toutes les séquences voisines, à retenir celle qui maximise le critère correspondant et à recommencer jusqu'à ce que la convergence soit atteinte.

(1) INITIALISATION

$t_0 = 0$, *spécifier* $y, H, \sigma_r, \sigma_b, \lambda$

Calcul de : $\hat{r}_0$, A_0, $y - H\hat{r}_0$ *et* LV_{MP0}

(2) ITERATION

Pour k *variant de* 1 *à* N :

Modification de la valeur de $t(k)$;

Calcul de $\hat{r}_k$ *par les trois premières équations de (3.27)* ;

Calcul de : a_k, ρ_k, $\hat{r}_k$, $y - H\hat{r}_k$ *et* LV_{MPk}.

(3) TEST DE CONVERGENCE

Calcul de $LV_{MP1} = Max\{LV_{MPk}\}$

Si $LV_{MP1} \leq LV_{MP0}$

CONVERGENCE

Sinon

Mise à jour de : t_0, $\hat{r}_0$, A_0, $y - H\hat{r}_0$ *et* LV_{MP0}

Retour en (2)

3.3.6. Résultats de la simulation

Les figures (3.6) et (3.7) illustrent les résultats de l'application de la déconvolution BG du signal synthétique noyé dans 50% et 100% du bruit en utilisant les quatre ondes.

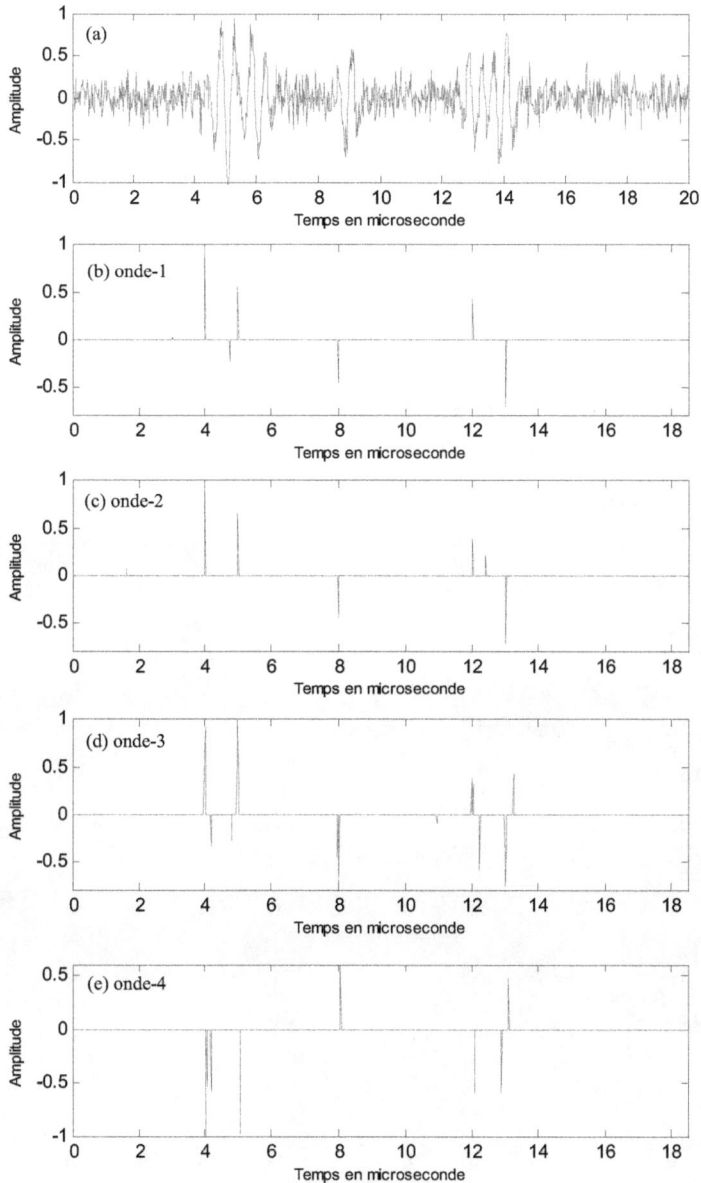

Figure 3.6 : Résultats de la déconvolution par le processus BG, a) Signal d'entrée (trace synthétique noyée dans 50% du bruit), b) Déconvolution avec onde-1, c) Déconvolution avec onde-2, d) Déconvolution avec onde-3, e) Déconvolution avec onde-4.

89

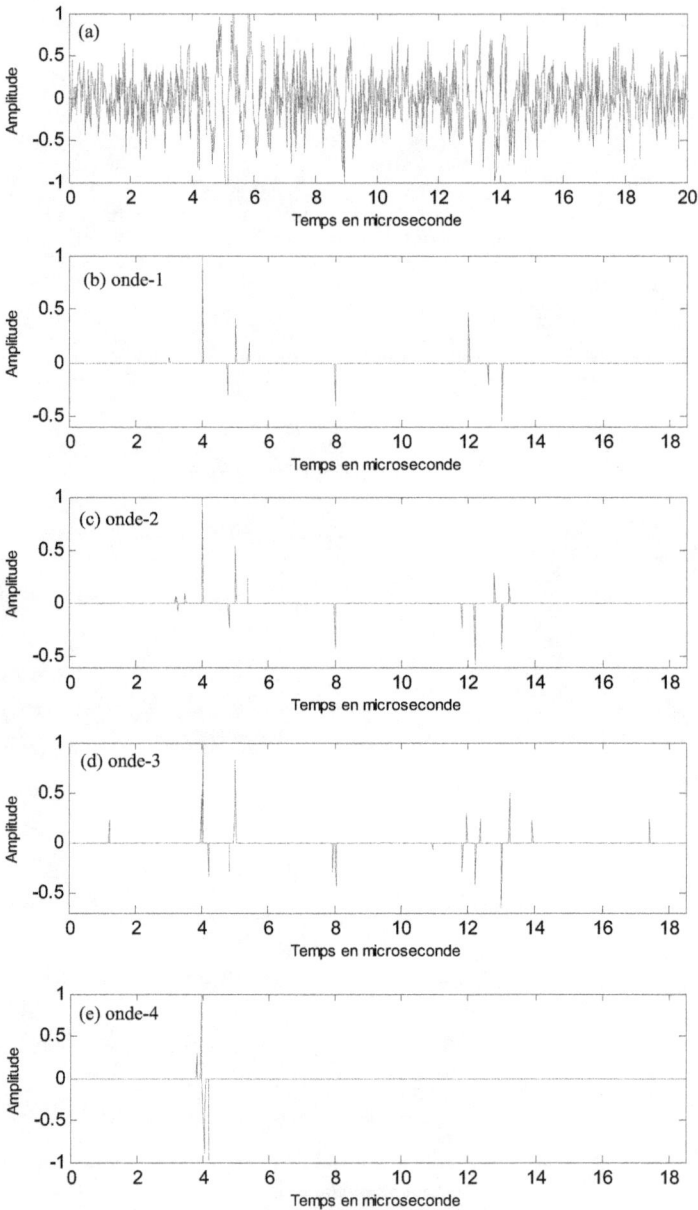

Figure 3.7: Résultats de la déconvolution par le processus BG, a) Signal d'entrée (trace synthétique noyée dans 100% du bruit), b) Déconvolution avec onde-1, c) Déconvolution avec onde-2, d) Déconvolution avec onde-3, e) Déconvolution avec onde-4.

A partir des résultats de déconvolution obtenus par le processus BG, nous remarquons que nous avons une bonne détection des échos en utilisant les quatre ondes, mais nous avons l'apparition des pics indésirables lorsque le niveau du bruit augmente.

Le tableau (3.4) résume les résultats obtenus par des valeurs de positions des échos et la précision de détection en pourcentage en fonction du taux du bruit injecté au signal utile. Le tableau (3.5) présente les résultats de la mesure absolue de la qualité en fonction du taux du bruit injecté au signal utile. Le tableau (3.6) présente le gain en dB du rapport signal sur bruit en fonction du taux de bruit injecté.

			Temps de vol en µs et précision en %			
			Défaut D1	Défaut D2	Défaut D3	EP
Valeur réelle			1	4	8	9
Valeurs mesurées sur le signal synthétique noyé dans le bruit	10%	Onde-1	1	4	8	9
			0%	0%	0%	0%
		Onde-2	1	4	8	9
			0%	0%	0%	0%
		Onde-3	0.98	3.98	8.2	8.99
			2%	0.5%	2.5%	0.11%
		Onde-4	0.98	3.98	7.98	8.98
			0.5%	0.5%	0.25%	0.22%
	50%	Onde-1	1	4	8	9
			0%	0%	0%	0%
		Onde-2	1	4	8	9
			0%	0%	0%	0%
		Onde-3	1	4.02	8.22	9
			0%	0.5%	2.75%	0%
		Onde-4	1.04	4.04	8.04	8.84
			4%	1%	0.5	1.77
	80%	Onde-1	1	4	8	9
			0%	0%	0%	0%
		Onde-2	1	4	8.2	9
			0%	0%	2.5%	0%
		Onde-3	0.98	4	8.2	8.98
			2%	0%	2.5%	0.22%
		Onde-4	0.98	3.98	7.98	9.98
			2%	0.5%	0.25%	10%
	100%	Onde-1	1	4	8	9
			0%	0%	0%	0%
		Onde-2	1	4	8.2	9
			0%	0%	0%	0%
		Onde-3	0.98	4.02	8.2	8.98
			2%	0.5%	2.5%	0.22%
		Onde-4	Pas de détection			

Tableau 3.4 : Positions des échos et la précision de détection en % en fonction du taux de bruit injecté.

			SSD	Γ	ψ
Valeurs mesurées sur le signal synthétique noyé dans le bruit	10%	Onde-1	0.0389	0.0388	$1.15*10^{-4}$
		Onde-2	0.1711	0.0404	0.1308
		Onde-3	3.85	1.29	2.55
		Onde-4	7.0414	2.9725	4.0689
	50%	Onde-1	0.1632	0.111	0.0522
		Onde-2	0.1231	0.0777	0.0454
		Onde-3	4.4451	0.7710	3.6741
		Onde-4	6.8765	2.9725	3.9040
	80%	Onde-1	0.29	0.18	0.104
		Onde-2	0.73	0.34	0.38
		Onde-3	4.9806	1.6674	3.3132
		Onde-4	7.34	2.97	4.36
	100%	Onde-1	0.4516	0.2745	0.1771
		Onde-2	1.1694	0.5283	0.6412
		Onde-3	4.3715	1.6525	2.7190
		Onde-4	Pas de détection		

Tableau 3.5 : Mesure absolue de la qualité en fonction du taux de bruit injecté.

	Niveau du bruit en %	SNR signal d'entrée en dB	SNR après déconvolution en dB			
			Onde-1	Onde-2	Onde-3	Onde-4
Valeurs mesurées sur le signal synthétique noyé dans le bruit	10%	16.4	inf	inf	31.7	47.69
	50%	2.83	inf	27.33	27.14	inf
	80%	-1.21	inf	inf	16.82	21.02
	100%	-3.14	inf	inf	15.05	Pas de détection

Tableau 3.6 : Gain en dB du rapport signal sur bruit en fonction du taux de bruit injecté.

Les trois tableaux montrent les performances de la déconvolution par le processus BG, nous remarquons que la forme d'onde influe sur les résultats de déconvolution.

Nous constatons que la précision de détection est égale à 0% pour l'onde-1 et l'onde-2 quel que soit le niveau du bruit. Pour les deux autres ondes (onde-3 et onde-4) la précision de détection est comprise entre 0% et 10%.

Dans la mesure absolue de la qualité, nous remarquons que nous avons obtenu de bons résultats, par exemple nous avons un SSD=0.45 avec l'onde-1 dans le cas de signal bruité a 100%.

Les résultats montrent la bonne performance de cette méthode, un gain très satisfaisant pour les quatre types d'ondes, le calcul du gain n'est pas possible dans la majorité des cas. Pour cela, nous avons mentionné par « inf » dans le tableau, l'obtention de la détection de tous les échos des défauts.

3.4. Résultats expérimentaux

Dans cette partie, nous avons mené des expérimentations concernant la déconvolution semi aveugle sur les signaux des trois matériaux : l'acier, l'aluminium et le matériau composite de type CFRP.

Les figures (3.8), (3.9) et (3.10) montrent les résultats de déconvolution pour les signaux des trois pièces d'acier (échantillon 1, échantillon 2 et échantillon 3). Les figures (3.8.a), (3.9.a) et (3.10.a) illustrent les résultats obtenus par la méthode de déconvolution par la norme L^2. Les figures (3.8.b), (3.9.b) et (3.10.b) illustrent les résultats obtenus par la déconvolution BG.

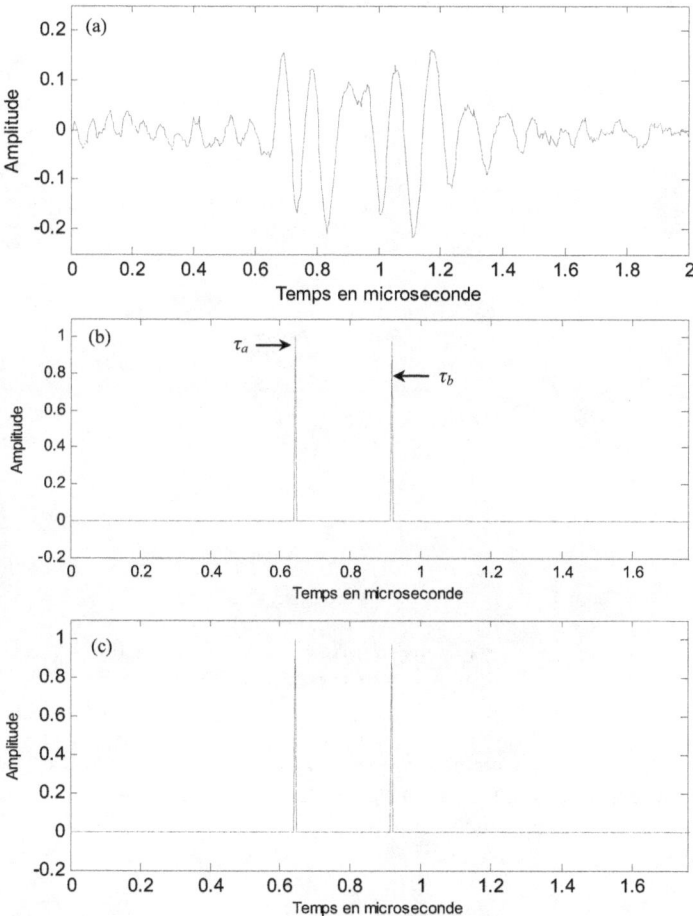

Figure 3.8 : Résultats de la déconvolution, a) Signal de la pièce d'acier (échantillon 1), b) Méthode de déconvolution par la norme L^2 (τ_b-τ_a = 0.28µs), c) Méthode de déconvolution BG (τ_b-τ_a = 0.28µs).

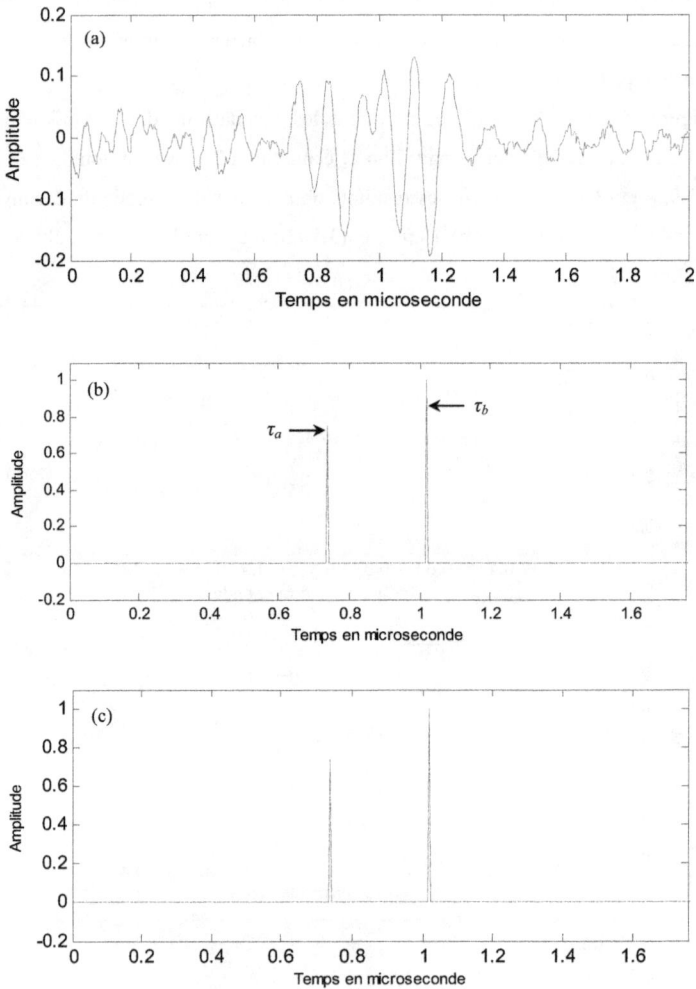

Figure 3.9 : Résultats de la déconvolution, a) Signal de la pièce d'acier (échantillon 2), b) Méthode de déconvolution par la norme L^2 (τ_b-τ_a = 0.27μs), c) Méthode de déconvolution BG (τ_b-τ_a = 0.27μs).

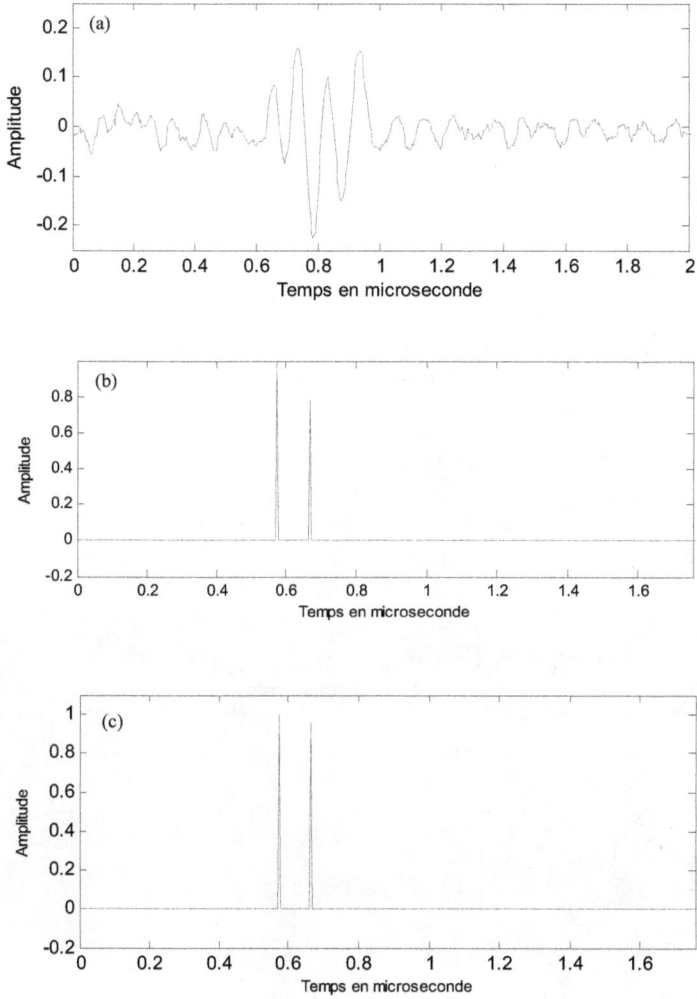

Figure 3.10 : Résultats de la déconvolution, a) Signal de la pièce d'acier (échantillon 3), b) Méthode de déconvolution par la norme L^2 (τ_b-τ_a = 0.09µs), c) Méthode de déconvolution BG (τ_b-τ_a = 0.09µs).

La figure (3.11.a) illustre le résultat de déconvolution du signal de la pièce d'aluminium par la méthode de déconvolution par la norme L^2, et la figure (3.11.b) illustre le résultat obtenu par la méthode de déconvolution par le processus BG.

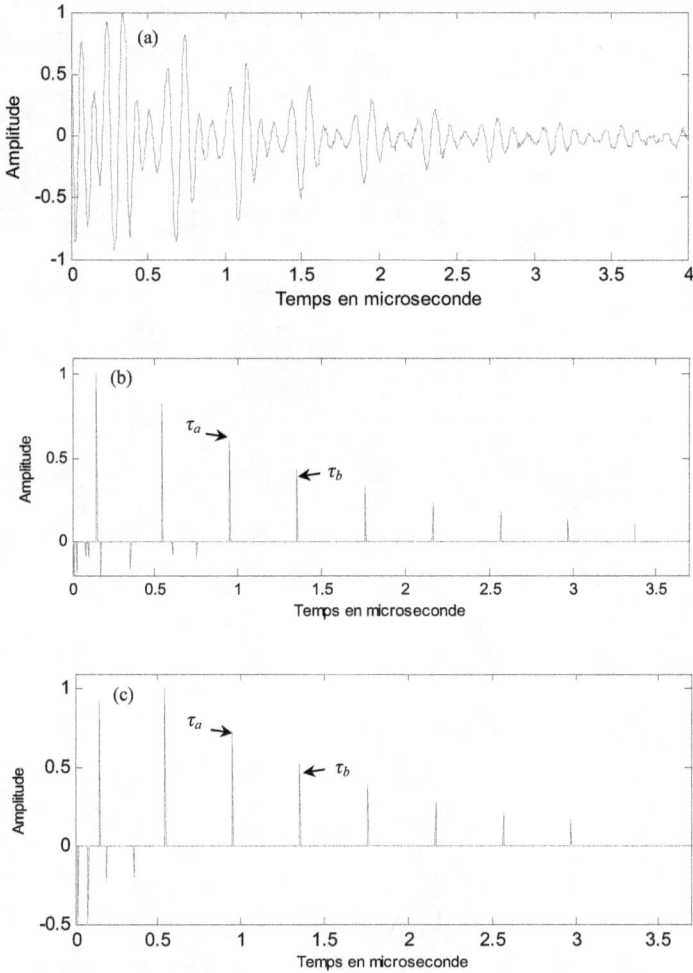

Figure 3.11 : Résultats de la déconvolution, a) Signal de la pièce d'aluminium, b) Méthode de déconvolution par la norme L^2 (τ_b-τ_a = 0.404µs), c) Méthode de déconvolution BG (τ_b-τ_a = 0.4µs).

Les figures (3.12), (3.13) et (3.14) illustrent les résultats de déconvolution des signaux de la pièce CFRP (zone 1, 2 et 3) par les deux méthodes de déconvolution semi aveugle (Méthode de déconvolution par la norme L^2 et méthode de déconvolution BG).

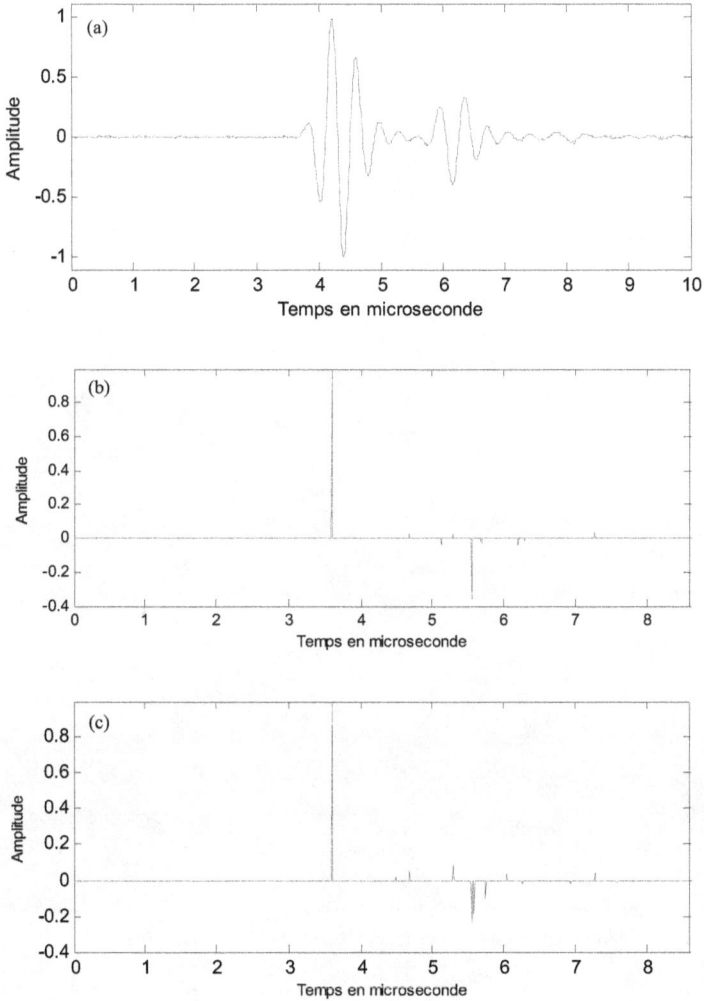

Figure 3.12 : Résultats de la déconvolution, a) Signal de la pièce CFRP (zone 1), b) Méthode de déconvolution par la norme L^2, c) Méthode de déconvolution par le processus BG.

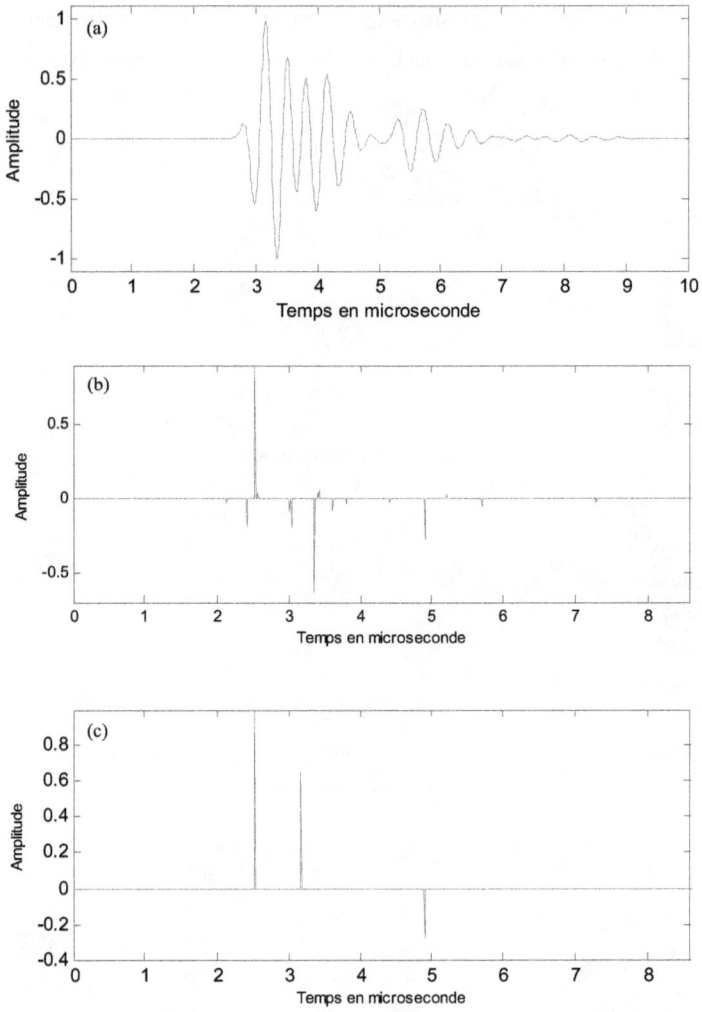

Figure 3.13 : Résultats de la déconvolution, a) Signal de la pièce CFRP (zone 2), b) Méthode de déconvolution par la norme L^2, c) Méthode de déconvolution BG.

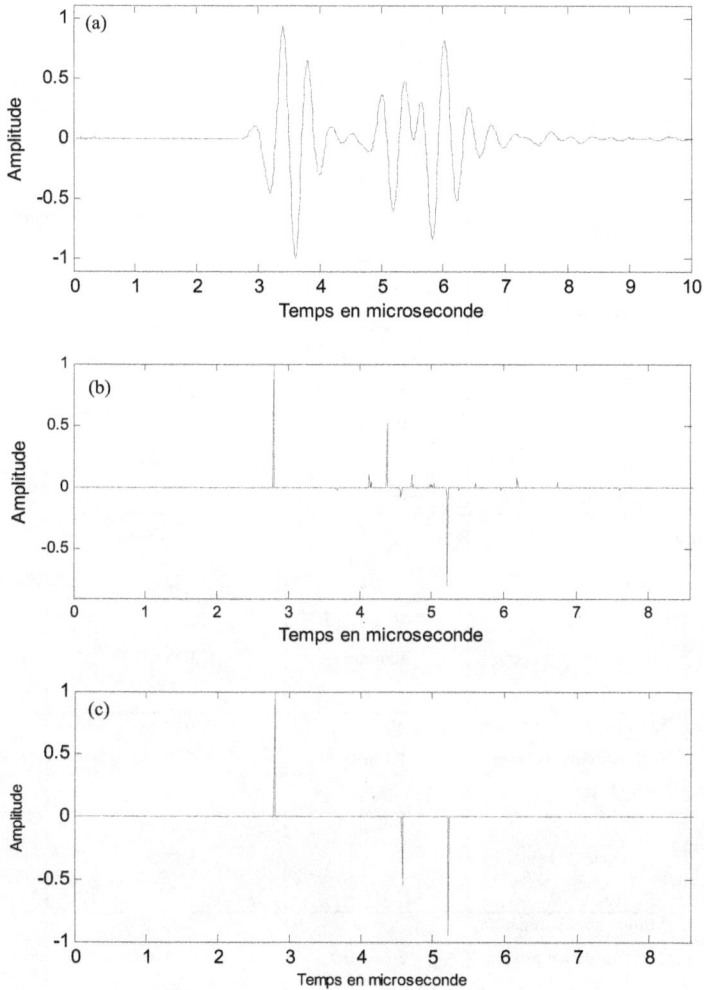

Figure 3.14 : Résultats de la déconvolution, a) Signal de la pièce CFRP (zone 3), b) Méthode de déconvolution par la norme L^2, c) Méthode de déconvolution par le processus BG.

Dans le tableau (3.7), nous récapitulons tous les résultats obtenus par les deux méthodes de déconvolution semi aveugle sur les trois matériaux utilisés.

		déconvolution par la norme L^2	déconvolution BG	Valeur réelle (mm)
Acier	échantillon 1 (deux défauts rapprochés)	0.28 µs 0.82mm 2.5%	0.28 µs 0.82mm 2.5%	0.8mm
	échantillon 2 (deux défauts rapprochés)	0.27µs 0.79mm 1.25%	0.27 µs 0.79mm 1.25%	0.8mm
	échantillon 3 (deux défauts rapprochés)	0.09µs 0.263mm 12.33%	0.09 µs 0.263mm 12.33%	0.3mm
Aluminium (Epaisseur de la pièce)		0.404µs 1.27mm 5.8%	0.4 µs 1.26mm 5%	1.2mm
CFRP (zone 1) (Epaisseur de la pièce)		1.95µs 2.75mm 2.99%	1.92 µs 2.73mm 2.24%	2.67mm
CFRP (zone 2)	Epaisseur de la pièce	2.38 µs 3.36mm 1.8%	2.38 3.36mm 1.8%	3.3mm
	Position de délamination (écho de défaut proche de la face avant)	0.82µs 1.16mm 84%	0.64 µs 0.9mm 42%	0.63mm
CFRP (zone 3)	Epaisseur de la pièce	2.42µs 3.42mm 3.63	2.42 µs 3.42mm 3.63%	3.3mm
	Position de délamination (écho de défaut proche de la face arrière)	1.59µs 2.24mm 0.9%	1.79 µs 2.53mm 13.9%	2.22mm

Tableau 3.7 : Mesure d'épaisseur et de profondeur du défaut avec précision en %.

Dans le tableau (3.7), nous constatons que les résultats de déconvolution dans l'acier sont satisfaisants. Nous avons obtenu une précision de 2.5% pour l'échantillon 1 et 1.25% pour l'échantillon 2 avec les deux méthodes.

Dans la mesure d'épaisseur de la pièce d'aluminium nous avons obtenu une précision de 5.8% par la méthode de déconvolution de norme L^2 et 5% par la déconvolution BG.

Dans la mesure d'épaisseur de la pièce CFRP, dans la zone 1, nous avons obtenu une précision de localisation de 2.99% pour la méthode de déconvolution de norme L^2 et 2.24% pour la déconvolution BG. Quant à la zone 2 nous avons obtenu 1.8% et à la zone 3 nous avons une précision de 3.63% pour les deux méthodes.

D'après les résultats obtenus, nous remarquons que les deux méthodes semi aveugle donnent des résultats similaires mais le temps de calcul est plus important pour la méthode de déconvolution BG.

Les résultats obtenus sont très intéressants à mettre en valeur. D'abord, nous constatons une grande amélioration des résultats de détection des défauts par l'apparition de pics démontrant la présence du délaminage dans les matériaux composites. Donc, d'un point de vue, pouvoir de détection des défauts, les algorithmes appliqués sont très efficaces.

Quant au problème de localisation et le juste positionnement des défauts détectés, les résultats sont discutables. En effet, le défaut de délaminage proche de la face avant, pose toujours des problèmes de localisation. Une précision de 42% est obtenue par la déconvolution BG sur un parcours de 0.63mm, est considérée comme un résultat satisfaisant. Quant au positionnement du défaut de délaminage proche de la face arrière a été obtenu avec une précision de 13.9%. Tous ces résultats ont fait l'objet d'une publication dans le journal « International Journal for Simulation and Multidisciplinary Design Optimization » [85].

3.5. Conclusion

Dans ce chapitre, nous avons présenté dans un premier temps un algorithme de déconvolution utilisant la minimisation d'une norme L^2. Cette approche par l'analyse numérique se justifie par la nature du problème à résoudre, c'est-à-dire la restauration de la réflectivité. Les essais effectués nous ont permis de montrer que cet algorithme permettait une bonne localisation des échos, et une bonne restitution des amplitudes même si l'onde utilisée est différente à celle qui intervient dans la convolution des mesures. Cet algorithme présente à notre avis quelques avantages décisifs : tout d'abord, il permet d'effectuer la déconvolution dans le cadre L^2, ce qui permet une interprétation physique simple des données calculées, et fournit un résultat meilleur que l'inversion L^2 classique sans utiliser de terme de pénalisation [68]. Il est par ailleurs extrêmement simple à mettre en oeuvre. Enfin, non seulement il est d'une complexité réduite, et donc rapide, mais il est possible de limiter la recherche au nombre d'échos souhaités, ce qui lui confère une grande souplesse d'utilisation.

Nous avons présenté par la suite une méthode de déconvolution de processus Bernoulli-gaussiens. Le principe est d'introduire dans le processus de déconvolution de l'information a priori. Cette information a priori repose sur un modèle Bernoulli-Gaussien et est exprimée sous la forme de densités de probabilités. Le problème est traité dans un cadre bayésien, pour fusionner l'information a priori avec l'information apportée par les données mesurées. Cette approche nous a permis de développer une méthode de déconvolution qui prend en compte les caractéristiques particulières des signaux ultrasonores.

Les résultats obtenus par les deux méthodes de déconvolution semi aveugle sont très proches et sont jugés très efficaces. Dans la détection des défauts de délaminage des matériaux composites, nous avons constaté que la position de ce défaut dans le matériau, influe beaucoup sur les résultats de localisation. Ainsi, le délaminage proche de la face avant n'est pas détecté et localisé de la même manière que celui proche de la face arrière du matériau examiné. En conclusion, nous avons obtenu une précision de 42% de détection de défaut de délaminage proche de la face avant par la déconvolution BG sur un parcours de 0.63mm, ce résultat est considéré comme un résultat peu satisfaisant. Quant au positionnement du défaut de délaminage proche de la face arrière a été obtenu avec une précision de 13.9%. Enfin, la mesure de l'épaisseur du CFRP (2.73 mm) est obtenue avec une précision inférieure à 4%. Ces résultats ont fait l'objet d'une publication dans le journal « International Journal for Simulation and Multidisciplinary Design Optimization » [85].

Dans le chapitre suivant, nous considérons le problème de déconvolution sans connaissance des informations a priori. Les algorithmes développés et appliqués constituent la famille des algorithmes de la déconvolution aveugle.

CHAPITRE 4

DECONVOLUTION AVEUGLE

4.1. Introduction et étude bibliographique

Nous avons vu que dans certains matériaux, la détection d'imperfections par ultrasons est souvent difficile car on ne peut pas distinguer entre le signal des imperfections et le bruit provenant de la structure de ces matériaux. Ce bruit peut masquer le signal de défaut et créer une gêne dans sa détection. Dans ce cas l'estimation de la réponse impulsionnelle du "système" devient difficile voire impossible. Pour pallier à ce problème, nous proposons trois algorithmes de déconvolution aveugle.

La déconvolution aveugle a été développée par plusieurs auteurs et a été appliquée dans des domaines différents, tel que : la sismologie, le traitement de la parole, la mécanique, l'hydrologie et le traitement des signaux ultrasonores. Dans ce qui suit, nous présentons les principaux travaux en citant les algorithmes basés sur la déconvolution aveugle et leurs applications.

J. J. KORMYLO et J. M. MENDEL [86] proposent un algorithme pour le traitement des problèmes des spectres sismiques basé sur le maximum de vraisemblance (Maximum Likelihood deconvolution MLD). L'objectif de ce travail est d'effectuer la déconvolution et l'estimation de l'ondelette dans le cas d'ondelettes à phase non minimum. Le but recherché est la détection des réflecteurs significatifs, l'identification de la variance d'ondelette et l'estimation significative de la densité des réflecteurs.

Toujours dans le domaine sismique, S. KOLLIAS et C. HALKIAS [87] proposent une méthode de déconvolution adaptative des signaux en utilisant l'estimation en ligne des paramètres inconnus de l'ondelette et la détection des événements sismiques significatifs. La méthode proposée appelée RIV-MVD (Recursive Instrumental Variables Maximum Likelihood Deconvolution), cette dernière peut fournir la forme correcte de la phase non minimum ou l'ondelette sismique de variation lente dans le temps. Une analyse d'exactitude a été présentée, qui donne une limite inférieure de l'exécution de la méthode de RIV-MVD.

M. BOUMAHDI et al. [16] utilisent les statistiques d'ordre supérieur dans la déconvolution aveugle pour la résolution de problèmes de signaux sismiques. Ils ont adopté une approche d'estimation paramétrique, basée sur un modèle ARMA causal en utilisant les statistiques d'ordre deux et d'ordre quatre. La validation de l'algorithme, a été faite sur des signaux sismiques simulés, puis sur des signaux sismiques réels.

C. A. CABRELLI [88] propose un algorithme de déconvolution à minimum d'entropie de norme D (Minimum Entropy Deconvolution D norm : MEDD). L'utilisation de cet algorithme augmente le pouvoir de détection en présence d'un bruit additif. Ceci se traduit par l'amélioration des résultats dans le calcul de l'inverse de la matrice d'autocorrélation. L'algorithme MEDD peut être facilement incorporé dans un algorithme classique grâce à son caractère pratique.

A. T. WALDEN [89] propose des techniques de déconvolution basées sur le minimum d'entropie (Minimum Entropy Deconvolution : MED), la déconvolution de 'Wiggins', la déconvolution parcimonieuse (Claerbout's Parsimonious Deconvolution) et la déconvolution par une norme variable (Variable Norm Deconvolution). La phase (minimum ou non minimum) n'est pas considérée par ces algorithmes.

M. D. SACCHI et al. [90] proposent un algorithme de déconvolution aveugle appelé FMED (Minimum entropy with frequency-domain constraints). Cet algorithme est comparé à la déconvolution à minimum d'entropie classique (MED) ainsi qu'avec la programmation linéaire (PL) et les approches autorégressives (AR). L'approche présentée maximise la norme en ce qui concerne les fréquences absentes du spectre de la réflectivité. Les résultats prouvent que la méthode proposée est efficace pour le traitement des données à bande limitée. Le FMED emploie deux transformées de Fourier par itération; ce qui réduit le temps de calcule de l'inversion.

K. F. KAARESEN et T. TAXT [8] proposent un algorithme pour l'estimation d'ondelette et la déconvolution simultanée de réflexion des signaux sismiques. Pour éclaircir l'ambiguïté inhérente dans ce problème de déconvolution aveugle, les auteurs introduisent de l'information a priori appropriée. L'hypothèse principale est la faible densité de la réflectivité. Ceci permet à des ondelettes de phase non minimum d'être récupérés et augmenter la résolution des réflecteurs étroitement alignés. Pour combiner la connaissance a priori et les données, les auteurs emploient un cadre bayésien et dérivent une estimation de maximum a posteriori. Le calcul de cette estimation est un problème difficile d'optimisation résolu par un procédé itératif sub-optimal. Le procédé alterne des étapes d'estimation d'ondelette et d'estimation de la réflectivité. Des améliorations importantes des estimations d'ondelette et de réflectivité sont obtenues avec une ondelette invariable à travers plusieurs traces. Le caractère pratique de l'algorithme est démontré sur des données sismiques synthétiques et vraies.

G. GONZALEZ et al. [5] proposent la méthode de déconvolution à entropie minimum (MED) dans les signaux sismiques, pour étudier le problème d'estimation de la période dans les séquences périodiques et quasi-périodiques. Les auteurs donnent une explication très intuitive de la méthode MED, en utilisant une approche géométrique. Ensuite, les séquences périodiques, qui peuvent être vues comme le résultat d'un processus de convolution similaire à celui des signaux sismiques, sont postulées comme étant des candidates valables au traitement par cette méthode. Les tests effectués sur un ensemble de signaux, incluant des signaux naturels et artificiels, périodiques et quasi-périodiques. Les conditions d'utilisation de l'algorithme MED menant à des résultats utiles sont décrites. Des séquences de parole sont incluses dans les exemples montrés, pour introduire une application de la méthode MED à la détermination de hauteur. Un ensemble de test complet des voyelles espagnoles est utilisé pour évaluer les performances de la méthode d'estimation de hauteur. Les résultats obtenus et leur validation qualitative révèlent sa robustesse, même pour la mesure d'une période individuelle.

M. NAMBA et Y. ISHIDA [91] proposent un algorithme de déconvolution aveugle basé sur la transformée d'ondelettes orthogonale et les valeurs propres. Le principe de l'algorithme est l'estimation d'un vecteur en exploitant le maximum des éléments de la diagonale comme version décalée et inversée. L'algorithme montre de bons résultats dans le traitement de la parole.

M. BULO et P. SIMARD [23] proposent une étude comparative entre deux méthodes de déconvolution aveugle. La première comporte les méthodes appelées « méthodes issues de l'automatique et du contrôle », tandis que la deuxième englobe les méthodes dites bayésiennes d'inversion. Les auteurs comparent les deux approches différentes du problème de déconvolution aveugle sur des signaux ultrasonores synthétiques et réels issus d'un bloc d'acier. A partir des résultats obtenus, la supériorité des méthodes bayésiennes est manifeste. Elles offrent dans des conditions correspondant à une ondelette qui ne se modifie pas trop lors de sa propagation, des qualités de résolution intéressantes, et permettent une prise en compte de la phase. Evidemment ces bons résultats s'obtiennent avec des temps de calcul supérieurs. Les résultats sont d'autant meilleurs que la richesse spectrale est importante.

K. F. KAARESEN et al. [9] proposent un algorithme de maximum a posteriori pour l'estimation simultanée d'une impulsion variable dans le temps et d'une déconvolution à haute résolution. L'information a priori est introduite pour améliorer les estimations où l'impulsion varie lentement et la séquence de réflectivité est dispersée. Ces hypothèses sont suffisantes pour la régularisation du problème, et aucune autre hypothèse sur l'impulsion telle que la phase minimum ou une forme paramétrique particulière n'est nécessaire. L'estimation de l'impulsion et de la réflectivité est calculée itérativement en alternant les étapes d'estimation d'impulsion et d'estimation de la réflectivité. En raison de l'hypothèse de faible dispersion, cette approche est adaptée en particulier aux données contenant un nombre limité de changements brusques d'impédance. C'est une situation fréquente pour beaucoup d'applications de contrôle non destructif par ultrasons. Les résultats sur des signaux synthétiques et réels prouvent la robustesse de l'algorithme.

Q. LIU et al. [13] présentent une méthode de débruitage des signaux ultrasonores basés sur la séparation de source aveugle (BSS : Blind Source Separation). Pour démontrer l'utilité de la méthode proposée, beaucoup de simulations sont effectuées. La méthode proposée est appliquée au débruitage des signaux ultrasonores simulés et réels. Les résultats de simulation de la méthode proposée possèdent presque la même efficacité que la méthode de débruitage par les ondelettes dans l'amélioration du SNR.

A. K. NANDI et al. [7] proposent des algorithmes de déconvolution basés sur la MED. Ces algorithmes de déconvolution aveugle utilisent les statistiques d'ordre trois (THSD : Third-order Statistics Deconvolution), d'ordre quatre (WMED: Wiggins' Minimum Entropy Deconvohtion), d'ordre cinq (FISD : Fifth-order Statistics Deconvolution) et d'ordre six (SISD: Sixth-order statistics deconvolution). Ces algorithmes utilisent un filtre inverse avec une réponse impulsionnelle finie. Si la longueur de filtre est bien choisie, toutes les méthodes donnent des résultats similaires.

R. DEMIRLI et J. SANIIE [92] proposent un algorithme de déconvolution aveugle basé sur un modèle. C'est un modèle paramétrique de signal pour des paramètres adressés quand le signal altéré par un bruit blanc. L'algorithme de Gauss-Newton a été mis en application pour le calcul du maximum de vraisemblance d'un écho simple. Dans l'analyse de l'estimation, le CRLB analytique (Cramer-Rao Lower Bounds) a été utilisé pour mesurer la résolution et l'exactitude de l'obtention d'une petite variance de l'estimation prévue. Les résultats de simulation de Monte Carlo démontrent que l'estimateur est un estimateur non biaisé à variance minimum. Puis, le problème d'estimation de paramètre a été étendu à un cas plus général, le cas des échos multiples superposés. Pour l'estimation des échos superposés, un algorithme SAGE (Space Alternating Generalized Expectation Maximization) a été développé. L'algorithme a été testé sur des échos simulés et expérimentaux. Les résultats obtenus prouvent la consistance du modèle et l'aptitude d'estimation des échos rapprochés dans le temps. Cette méthode de modélisation et d'estimation mène à l'estimation quantitative des signaux ultrasonores liés aux propriétés physiques des cibles et du milieu de propagation. Les mêmes auteurs [93] proposent un modèle basé sur les représentations temps fréquence (TF) pour les signaux ultrasonores. Un estimateur itératif de maximum a posteriori a été développé pour estimer les paramètres du signal multi échos. La caractéristique spectrale du traducteur est incorporée comme statistique a priori dans le vecteur de paramètre du modèle. L'exécution du modèle basé sur les représentations temps fréquence a été comparée aux méthodes classiques des temps fréquence (WVD : Wigner-Ville Distribution et STFT : Short-Time Fourier Transform) en utilisent les signaux ultrasonores simulés et expérimentaux. D'après les résultats obtenus, le modèle basé sur les représentations temps fréquence est supérieure en termes de résolution.

D. KIM [11] propose une méthode de classification des signaux ultrasonores d'une acquisition des signaux dans les tubes d'un générateur de vapeur d'une centrale nucléaire. Cette méthode emploie un algorithme de moindre carrée (LMS : least mean square) et les résultats obtenus ont été comparés avec ceux obtenus par l'algorithme SAGE et la méthode de Newton-Raphson. La classification a été effectuée en utilisent les données des parties droites et coudées du tube. Les résultats obtenus ont été comparés aussi avec ceux obtenus en utilisant une approche basée sur le modèle de déconvolution. La réponse impulsionnelle de traducteur a été modelée et estimée en termes d'ondelettes d'écho gaussiennes. Les positions des diffuseurs sont estimées et employées comme base pour la classification.

H. ENDO et R. B. RANDALL [14] proposent l'utilisation de la technique déconvolution à minimum d'entropie (MED) pour augmenter la capacité des techniques de filtrage basée sur le modèle autorégressif (AR) pour la détection des défauts dans les dents d'engrenage. La technique de filtrage AR a été prouvée dans la détection des défauts dans les dents d'engrenage par rapport aux techniques d'analyse résiduelle traditionnellement utilisées. Les techniques de filtrages AR existantes se comportent bien mais elles sont basées sur les mesures d'autocorrélation qui est sensible aux rapports de phase qui peuvent être employés pour différencier le bruit par rapport aux vraies impulsions. La technique MED peut faire l'objet d'une utilisation de l'information de phase au moyen des statistiques d'ordres supérieurs du signal, en particulier le kurtosis, pour augmenter la capacité de détection des défauts naissants dans les dents d'engrenage. Les résultats expérimentaux présentés dans ce travail valident l'exécution supérieure des techniques de filtrage combinées de l'AR et du MED en détectant les fissures des dents dans les engrenages.

T. KIM et K. LEE [12] appliquent la déconvolution minimum d'entropie (MED) pour l'estimation du taux séquentiel de recharge des eaux souterraines. Il est difficile de mesurer le taux de recharge des eaux souterraines, et la surveillance à long terme de l'ordre de recharge est très chère. De ce point de vue, l'utilisation du MED peut être une méthode puissante et commode dans l'estimation de l'ordre de recharge pour des eaux souterraines.

Au vu de toutes les méthodes développées, nous nous proposons d'étudier et implémenter ces derniers afin d'adapter ces algorithmes au contrôle des matériaux composites.

4.2. Déconvolution à Minimum d'Entropie

Les techniques de déconvolution qui sont présentées dans cette partie, sont connues sous le nom de Déconvolution à Minimum d'Entropie. Nous les classons dans les techniques d'ordre supérieur car elles visent à maximiser une fonction faisant appel aux statistiques d'ordre supérieur. Ces méthodes ont été les premières mises en oeuvre et sont donc antérieures à celles que nous venons de voir. La présentation suivante est établie principalement à partir de [7] [28][88][89].

4.2.1. Déconvolution MED WIGGINS

Le terme de déconvolution à minimum d'entropie a été inventé par WIGGINS pour son schéma de déconvolution: cet algorithme cherche le plus petit nombre de pics, de grande amplitude, cohérents avec les données et ainsi, maximise l'ordre ou inversement, minimise le désordre « l'entropie » dans les données. WIGGINS propose à cet effet de calculer un filtre inverse qui, en déconvoluant la trace, rend la fonction objective suivante maximale :

$$O_2^4 = \frac{\sum_{k=1}^{N} r_{estim}^4(k)}{\left[\sum_{k=1}^{N} r_{estim}^2(k)\right]^2} \tag{4.1}$$

Où $r(k)$ est le signal de déconvolution obtenu par filtrage inverse de la trace ultrasonore. En faisant apparaître les moments d'ordre supérieur dans l'équation de l'objective, nous avons :

$$O_2^4 = \frac{\sum\limits_{k=1}^{N} r_{estim}^4(k)}{\left[\sum\limits_{k=1}^{N} r_{estim}^2(k)\right]^2} = \frac{\widehat{M_{4r}}(0,0,0)}{\left[\widehat{M_{2r}}(0)\right]^2} \tag{4.2}$$

L'objective prend alors la forme statistique d'une estimation de kurtosis.

Le filtre inverse est recherché sous la forme MA(q). Voyons maintenant comment calculer ce filtre.

L'estimation (sortie du filtre) de la réflectivité est obtenue par convolution :

$$r_{estim}(t) = \sum_{i=0}^{q} y(t-i)f(i) \qquad t = 1,....,N \tag{4.3}$$

Le filtre doit maximiser l'objective, pour cela, dérivons le critère par rapport aux $q+1$ coefficients du filtre et annulons ces dérivées :

$$\frac{\partial O_2^4}{\partial f_j} = 0 \tag{4.4}$$

avec $\dfrac{\partial r_{estim}(t)}{\partial f_j} = y(t-j)$, on obtient après simplifications :

$$\sum_{l=0}^{q} f(l) \sum_{t=1}^{N} y(t-l)y(t-j) = \frac{\sum\limits_{m=1}^{N} r_{estim}^2(m)}{\sum\limits_{m=1}^{N} r_{estim}^4(m)} \sum_{t=1}^{N} r_{estim}^3(t)y(t-j) \tag{4.5}$$

$$\sum_{l=0}^{q} f(l) \sum_{t=1}^{N} y(t-l)y(t-j) = \sum_{t=1}^{N} u_W(r_{estim}(t))y(t-j)$$

où $u_W(r_{estim}(t))$ est une non-linéarité appliquée au signal $r_{estim}(t)$:

$$u_W(r_{estim}(t)) = \left[\frac{\sum\limits_{m=1}^{N} r_{estim}^2(m)}{\sum\limits_{m=1}^{N} r_{estim}^4(m)}\right] r_{estim}^3(t) \tag{4.6}$$

L'équation (4.6) peut se mettre sous la forme matricielle :

$$C_{2y} f = g_W \tag{4.7}$$

Le membre droit de cette équation correspond à l'intercorrélation entre la non-linéarité appliquée au signal $r_{estim}(t)$ et la trace $y(t)$; le membre gauche correspond au produit du vecteur des coefficients du filtre par la matrice d'autocorrélation de la trace.

Compte tenu du caractère symétrique de l'autocorrélation, le système s'écrit finalement :

$$
\begin{bmatrix}
C_{2y}(0) & C_{2y}(1) & . & . & C_{2y}(q) \\
C_{2y}(1) & C_{2y}(0) & . & . & C_{2y}(q) \\
. & . & . & . & . \\
. & . & . & . & . \\
C_{2y}(q) & . & . & . & C_{2y}(0)
\end{bmatrix}
\begin{bmatrix}
f_0 \\
f_1 \\
. \\
. \\
f_q
\end{bmatrix}
=
\begin{bmatrix}
C_{u_W,y}(0) \\
C_{u_W,y}(1) \\
. \\
. \\
C_{u_W,y}(q)
\end{bmatrix}
\tag{4.8}
$$

Le système est non-linéaire en r_{estim} et ne peut donc pas être inversé directement. Pour calculer le filtre, nous allons procéder de manière itérative de la manière suivante [94] :

(1) Initialisation du vecteur f ;

(2) Calcul du signal déconvolué par f ;

(3) Calcul de la non-linéarité $u_W(.)$ et de g ;

(4) Calcul du filtre par $f = C_{2y}^{-1} * g_W$

(5) Test de convergence

(6) Retour en 2° ou fin

Le calcul de l'inverse de la matrice d'autocorrélation peut être effectué une seule fois au début du programme.

Comme dans le cas de la déconvolution par filtrage de Wiener, nous avons recours à un facteur de préblanchiment pour stabiliser l'inversion matricielle. L'arrêt du calcul itératif est décidé, soit à la suite du test sur l'évolution de l'objective, soit si le nombre d'itérations maximal est atteint.

L'unique paramètre à renseigner est la longueur du filtre inverse que l'on recherche. Ce dernier étant du type *MA* donc de réponse impulsionnelle finie, l'ordre q peut être initialement choisi égal à la longueur de l'ondelette à compresser.

L'auteur de la méthode précise que, contrairement aux différentes versions du filtrage de Wiener, aucune hypothèse en ce qui concerne la phase (minimale) du filtre n'est requise. La seule hypothèse nécessaire est celle du modèle convolutif stationnaire. Ces points sont bien en accord avec ceux qui relèvent de la déconvolution utilisant les statistiques d'ordre supérieur.

4.2.2. Déconvolution parcimonieuse MED-CLPD (Claerbout's Parsimonious Deconvolution)

La méthode MED connaît plusieurs variantes. Nous allons en présenter quelques-unes.

Le critère retenu dans la MED est plus sensible aux événements de fortes amplitudes. Pour identifier des réflecteurs de faibles amplitudes, nous proposons d'utiliser une autre objective dans l'algorithme MED [7]:

$$O_{CLPD} = \frac{1}{N} \sum_{t=1}^{N} \left\{ \frac{r_{estim}^2(t)}{\left[\frac{1}{N} \sum_{k=1}^{N} r_{estim}^2(k) \right]^2} \ln \left(\frac{r_{estim}^2(t)}{\left[\frac{1}{N} \sum_{k=1}^{N} r_{estim}^2(k) \right]^2} \right) \right\} \qquad (4.9)$$

Comme dans le cas de la MED, l'optimisation de O_{CLPD} conduit à une équation matricielle :

$$C_{2y} f = g_{CLPD} \qquad (4.10)$$

qui correspond au système suivant :

$$\sum_{l=0}^{q} f(l) \sum_{t=1}^{N} y(t-l) y(t-j) = \sum_{t=1}^{N} u_{CLPD}(r_{estim}(t)) y(t-j) \qquad (4.11)$$

La non-linéarité s'écrit dans ce cas :

$$u_{CLPD}(r_{estim}(t)) = \frac{r_{estim}(t) \ln \left(\frac{r_{estim}^2(t)}{\left[\frac{1}{N} \sum_{k=1}^{N} r_{estim}^2(k) \right]^2} \right)}{\frac{1}{N} \sum_{t=1}^{N} \left\{ \frac{r_{estim}^2(t)}{\left[\frac{1}{N} \sum_{k=1}^{N} r_{estim}^2(k) \right]^2} \ln \left(\frac{r_{estim}^2(t)}{\left[\frac{1}{N} \sum_{k=1}^{N} r_{estim}^2(k) \right]^2} \right) \right\}} \qquad (4.12)$$

Le calcul du filtre inverse s'effectue selon la procédure MED en remplaçant u_w par u_{CLPD}.

4.2.3. Déconvolution MED avec transformation exponentielle (MED-EXP)

La méthode MED est donnée pour être robuste en présence de bruit sur la trace du fait que l'algorithme recherche un nombre restreint de pics d'amplitudes importantes. Dans un souci de pouvoir gérer le compromis entre la sensibilité au bruit additif et la localisation de réflecteurs de faibles amplitudes, une autre fonction objective est définie dans [94]. Les auteurs suggèrent d'incorporer la transformation exponentielle suivante au signal de déconvolution :

$$z(t) = 1 - \exp\left\{\frac{-r_{estim}^2(t)}{2S^2}\right\} \tag{4.13}$$

Le paramètre S, relatif à r_{estim}, est choisi comme suit :

$$S = \frac{r_{estim\,max}}{C} \tag{4.14}$$

La constante C permet de jouer sur la compression du signal : les auteurs préconisent de prendre $\sqrt{2} < C < 3$ pour maintenir les caractéristiques de suppression de bruit de MED tout en étant plus sensible aux réflecteurs de faibles amplitudes.

L'optimisation de l'objective :

$$O_{EXP} = \frac{\sum_{k=1}^{N} z^2(k)}{\left[\sum_{k=1}^{N} z(k)\right]^2} \tag{4.15}$$

conduit au système :

$$\sum_{l=0}^{q} f(l) \sum_{t=1}^{N} y(t-l) y(t-j) = \sum_{t=1}^{N} u_{EXP}(r_{estim}(t)) y(t-j) \tag{4.16}$$

La non-linéarité $u_{EXP}(.)$ vaut :

$$u_{EXP}(r_{estim}(t)) = z(t) \left\{ \left(\frac{\sum_{k=1}^{N} z(k)}{\sum_{k=1}^{N} z^2(k)} \right) (1 - z(t)) + 1 \right\} r_{estim}(t) \tag{4.17}$$

Nous procédons au calcul du filtre optimal comme pour la MED.

4.2.4. Déconvolution MED généralisée

Dans [7], les auteurs proposent une objective généralisant celle de la MED.

Les critères qui en découlent sont en fait divers moments d'ordre supérieur estimés pour des retards nuls.

L'objective générique est définie comme suit :

$$O_{i/2}^{i} = \frac{\sum\limits_{k=1}^{N} r_{estim}^{i}(k)}{\left[\sum\limits_{k=1}^{N} r_{estim}^{2}(k)\right]^{i/2}} \qquad i = 3,4,5,6 \tag{4.18}$$

pour $i = 4$, l'objective est celle utilisée dans la MED Wiggins.

Les non-linéarités génériques sont :

$$u_{i}(r_{estim}(t)) = \left[\frac{\sum\limits_{m=1}^{N} r_{estim}^{2}(m)}{\sum\limits_{m=1}^{N} r_{estim}^{i}(m)}\right] r_{estim}^{i-1}(t) \qquad i = 3,4,5,6 \tag{4.19}$$

Le schéma de déconvolution est identique à celui de la MED.

4.2.5. Résultats de la simulation

Nous avons vu dans les précédents paragraphes que l'algorithme initial de MED WIGGINS est à l'origine de plusieurs autres qui exploitent le même schéma mais utilisent des fonctions objectives différentes. Ces principales méthodes sont appliquées au signal synthétique.

Les figures (4.1) et (4.2) illustrent les résultats de l'application des algorithmes de déconvolution basés sur la MED sur le signal synthétique noyé dans 50% et 100% du bruit.

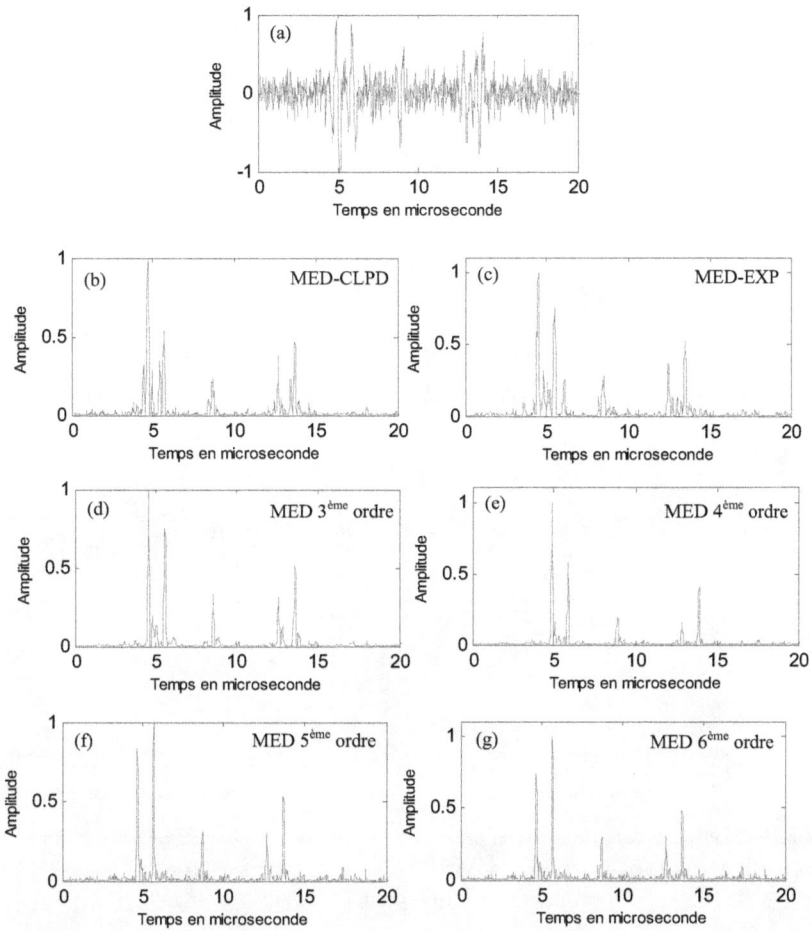

Figure 4.1 : Résultats de la déconvolution, a) Signal d'entrée (trace synthétique noyée dans 50% du bruit), b) MED-CLPD, c) MED-EXP, d) MED 3ème ordre, e) MED 4ème ordre, f) MED 5ème ordre, g) MED 6ème ordre.

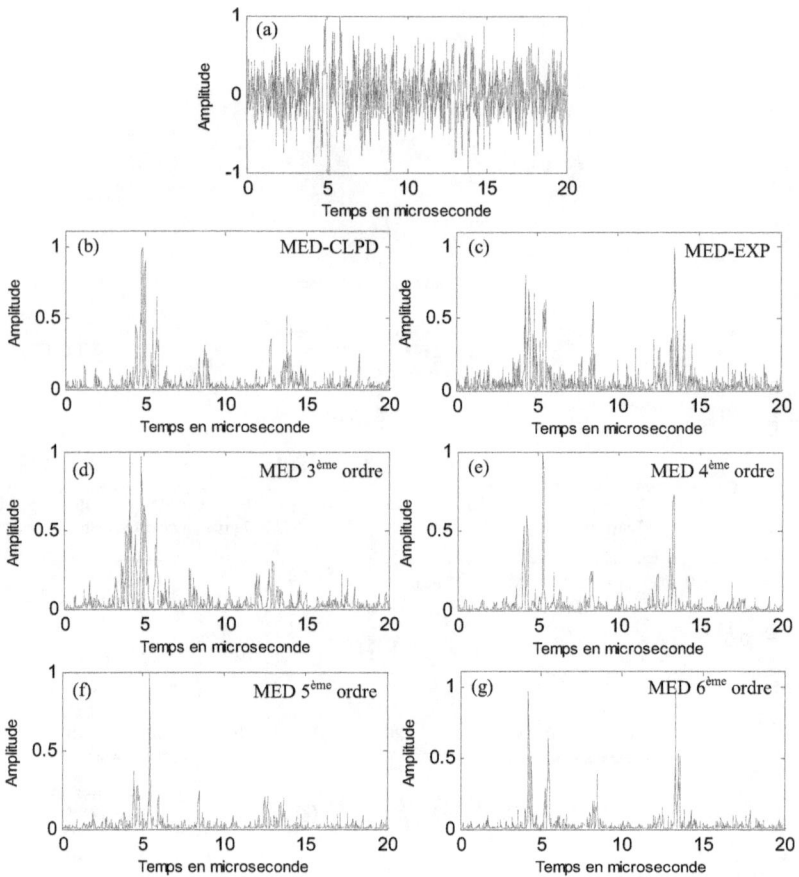

Figure 4.2 : Résultats de la déconvolution, a) Signal d'entrée (trace synthétique noyée dans 100% du bruit), b) MED-CLPD, c) MED-EXP, d) MED 3ème ordre, e) MED 4ème ordre, f) MED 5ème ordre, g) MED 6ème ordre.

A partir des résultats obtenus par les méthodes de déconvolution à minimum d'entropie, nous remarquons que nous avons une bonne détection des échos avec les six fonctions objectives lorsque le niveau de bruit est de 50%.

Le tableau (4.1) résume les résultats obtenus par des valeurs de positions des échos et la précision de détection en pourcentage en fonction du taux du bruit injecté au signal utile. Le tableau (4.2) présente le gain en dB du rapport signal sur bruit en fonction du taux du bruit injecté.

			Temps de vol en µs et précision en %			
			Défaut D1	Défaut D2	Défaut D3	EP
	Valeur réelle		1	4	8	9
Valeurs mesurées sur le signal synthétique noyé dans le bruit	10%	CLPD	0.98 / 2%	3.98 / 0.5%	7.98 / 0.25%	9 / 0%
		EXP	1 / 0%	4 / 0%	8 / 0%	9 / 0%
		3ème ordre	1 / 0%	4 / 0%	8 / 0%	9 / 0%
		4ème ordre	1 / 0%	3.98 / 0.5%	8 / 0%	9 / 0%
		5ème ordre	0.98 / 2%	4 / 0%	7.98 / 0.25%	9 / 0%
		6ème ordre	1 / 0%	4.02 / 0.5%	8 / 0%	9.02 / 0.22%
	50%	CLPD	1 / 0%	4.04 / 1%	8 / 0%	9 / 0%
		EXP	1.02 / 2%	4.02 / 0.5%	7.94 / 0.75	8.98 / 0.22%
		3ème ordre	1 / 0%	4 / 0%	7.98 / 0.25%	9 / 0%
		4ème ordre	0.98 / 2%	4 / 0%	7.96 / 0.5%	9 / 0%
		5ème ordre	1 / 2%	4.02 / 0.5%	7.96 / 0.5%	8.98 / 0.22%
		6ème ordre	0.98 / 2%	4.02 / 0.5%	7.96 / 0.5%	8.98 / 0.22%
	80%	CLPD	0.96 / 4%	3.96 / 1%	7.96 / 0.5%	8.98 / 0.22%
		EXP	1 / 0%	3.98 / 0.5%	8.02 / 0.25%	9.02 / 0.22%
		3ème ordre	Mauvaise reconstitution de la réflectivité			
		4ème ordre	0.98 / 2%	3.94 / 1.5%	8 / 0%	8.98 / 0.22%
		5ème ordre	1 / 0%	4 / 0%	8 / 0%	9 / 0%
		6ème ordre	1.24 / 24%	4.22 / 5.5%	8.24 / 3%	9.04 / 0.44%
	100%	CLPD	0.92 / 8%	3.92 / 2%	7.92 / 1%	8.94 / 0.66%
		EXP	Mauvaise reconstitution de la réflectivité			
		3ème ordre	Mauvaise reconstitution de la réflectivité			
		4ème ordre	Mauvaise reconstitution de la réflectivité			
		5ème ordre	Mauvaise reconstitution de la réflectivité			
		6ème ordre	1.24 / 24%	4.22 / 5.5%	8.24 / 3%	9.04 / 0.44%

Tableau 4.1 : Positions des échos et la précision de détection en % en fonction du taux de bruit injecté.

	Niveau du bruit en %	SNR signal d'entrée en dB	SNR après déconvolution en dB					
			CLPD	EXP	3ème ordre	4ème ordre	5ème ordre	6ème ordre
Valeurs mesurées sur le signal synthétique noyé dans le bruit	10%	16.4	24.63	25.7	25.47	24.18	22.88	23.13
	50%	2.83	17.77	16.58	18.63	19.72	18.83	19.2
	80%	-1.21	16	15.17	Pas de détection	3.9	17.06	0.8
	100%	-3.14	17.21	Pas de détection	Pas de détection	Pas de détection	Pas de détection	17

Tableau 4.2: Gain en dB du rapport signal sur bruit en fonction du taux de bruit injecté.

Les deux tableaux montrent les performances des méthodes de déconvolution à minimum d'entropie, nous remarquons que nous avons une bonne précision de détection et une amélioration significative du SNR lorsque le bruit est inférieur à 50%. Pour un taux de bruit de 80% et plus, nous remarquons que les algorithmes (MED-EXP, MED 3ème ordre, MED 4ème ordre et MED 5ème ordre) donnent une mauvaise détection.

4.3. Déconvolution par les réseaux de neurones

Dans cette partie, nous présentons une méthode de déconvolution basée sur les réseaux de neurones en utilisant l'apprentissage par l'algorithme de rétro propagation afin de détecter les échos multiple noyées dans le bruit [59][6][39][40].

Cette technique de déconvolution par les réseaux neurones est principalement conçue pour détecter les défauts des échos ultrasonores noyées dans le bruit de structure.

La méthode présentée dans cette partie est capable de trouver des solutions pour le problème de la déconvolution sans avoir recours aux paramètres physiques du système d'acquisition (connaissance a priori).

Nous avons vu dans le chapitre 2 que le signal ultrasonore peut être représenté par l'équation $y(t) = h(t) * r(t) + b(t)$ où * représente l'opération de convolution. Avec $y(t)$ signal de sortie, $h(t)$ réponse impulsionnelle du système, $r(t)$ réflectivité et $b(t)$ bruit. Alors la déconvolution devient un processus de trouver une bonne estimation de $r(t)$.

Les réseaux neurones sont, dans leur sens plus général, une collection de diverses couches de noeuds qui peuvent être reliés dans une série de configurations [95][96] [97][98]. Ces réseaux ont été appliqués dans beaucoup de secteurs comprenant l'ultrason [6][39][40][59][99] pour la détection et la caractérisation des matériaux. Chaque noeud comprend la somme des poids des noeuds dans la couche précédente passée par la fonction d'activation.

4.3.1. Conception de déconvolution par les réseaux neurones

La déconvolution par les réseaux de neurones (DRN) est mise en application par l'algorithme de rétro propagation et en exposant le réseau à un ensemble d'échos de défaut.

Le schéma fonctionnel du DRN est illustré sur la figure (4.3). Dans les problèmes de détection, le signal reçu, *y(t)*, est donné par :

$$y(t) = \begin{cases} h(t)*r(t)+b(t) \Rightarrow signal\ utile + bruit \\ b(t) \Rightarrow bruit \end{cases} \tag{4.20}$$

Avec

y(t) : Signal de sortie ;

r(t) : Réflectivité recherchée ;

h(t) : Réponse impulsionnelle du système ;

b(t) : Bruit additif.

Dans cette étude, l'objectif est de détecter l'endroit de l'écho de défaut à la sortie du réseau de neurone. Pour éliminer les fausses décisions et l'effet de débordement du signal, la normalisation des données doit être effectuée.

La normalisation est donnée par :

$$x(t) = \frac{y(t) - \mu}{\sigma}, \quad t = 1,...,N$$

$$\mu = \frac{1}{N} \sum_{n=1}^{N} y(t) \tag{4.21}$$

$$\sigma = \sqrt{\frac{1}{N-1} \sum_{t=1}^{N} (y(t) - \mu)^2}$$

Avec μ et σ est la moyenne et l'écart type du signal $y(t)$ respectivement.

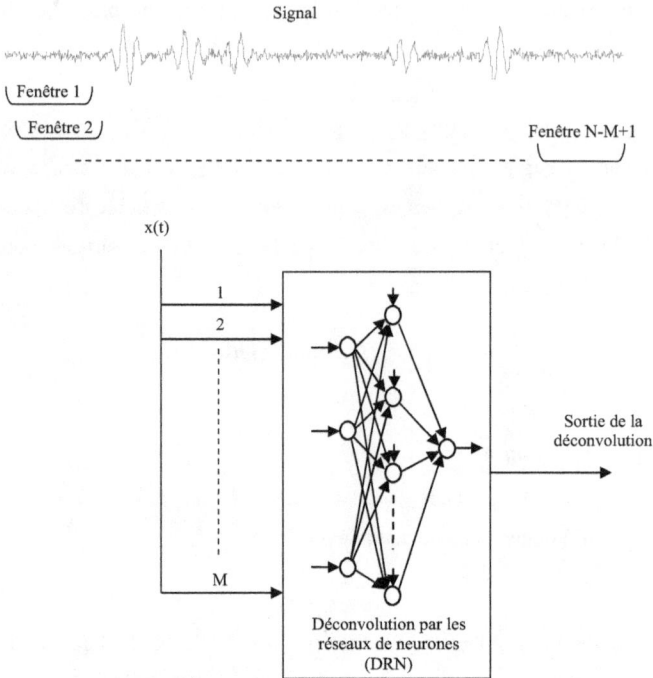

Figure 4.3 : Schéma de la déconvolution par les réseaux de neurones (DRN).

Le signal d'entrée de déconvolution par le réseau de neurone (figure 4.3) est créé en utilisant une fenêtre glissante.

La taille de la fenêtre glissante est M, et la position entre deux fenêtres successives est un échantillon.

La première fenêtre contient les données de $x(t)$ avec $t = 1 : N - M + 1$. La deuxième fenêtre est un échantillon à la droite du premier ensemble, et ceci est répété jusqu'à ce que la fenêtre couvre les échantillons entiers de N du signal mesuré. Alors, la matrice d'apprentissage est exprimée comme :

$$X = \begin{bmatrix} x(1) & x(2) & ... & x(N-M+1) \\ x(2) & x(3) & ... & x(N-M+2) \\ ... & ... & ... & ... \\ x(M) & x(M+1) & ... & x(N) \end{bmatrix} \tag{4.22}$$

Où chaque colonne représente un ensemble de données d'entrée normalisées avec un rang de longueur M. Il à est noter que le nombre d'entrée du réseau de neurone est un ensemble de données de $N - M + 1$.

4.3.2. Résultats de la simulation

Nous avons effectué nos essais avec un réseau à couches, constitué d'une couche d'entrée, deux couches cachées et d'une couche de sortie. Le tableau (4.3) décrit tous les paramètres permettant l'apprentissage du réseau.

Paramètres de DRN	
Nombre des vecteurs d'apprentissage	13860
Erreur	10^{-10}
Nombre d'entrée	101
Nombre de sortie	1
Nombre de neurones dans la couche cachée 1	20
Nombre de neurones dans la couche cachée 2	10
Nombre d'itération	42637
Fonction d'activation	Sigmoïde

Tableau 4.3. Paramètres du réseau de neurones.

Les figures (4.4) et (4.5) illustrent les résultats de l'application de l'algorithme de déconvolution par les réseaux de neurones sur le signal synthétique noyé dans 50% et 100% du bruit respectivement.

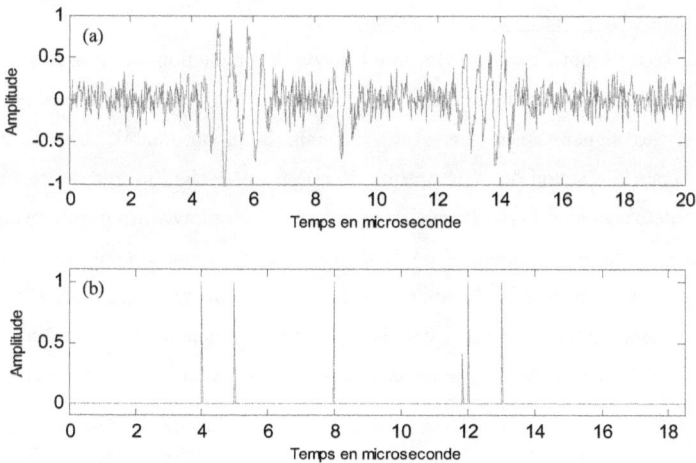

Figure 4.4 : a) Signal d'entrée (trace synthétique noyée dans 50% du bruit), b) Sortie du réseau de neurone.

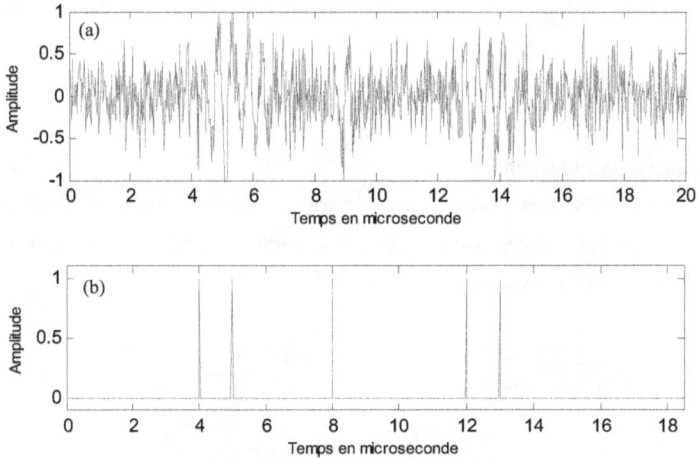

Figure 4.5 : a) Signal d'entrée (trace synthétique noyée dans 100% du bruit), b) Sortie du réseau de neurone.

A partir des résultats obtenus par la méthode DRN, nous remarquons que nous avons obtenu une bonne détection des échos quelque soit le niveau de bruit d'entrée. Néanmoins, cette méthode nécessite un apprentissage très lourd en temps de calcul et en nombre de signaux. La base de données doit être la plus proche de la réalité, c'est-à-dire, constituée de signaux réels provenant de matériaux ayant un bruit de structure similaire au matériau test.

4.4. Déconvolution basée sur un modèle analytique

Dans cette section, nous abordons le problème de déconvolution en considérant une approche basée sur un modèle analytique. Une approche semblable a été employée pour la déconvolution des signaux sismiques [100]. En fait, la proposition d'une expression paramétrique pour la réaction de système simplifie de manière significative le problème. Cependant, cette expression paramétrique devrait être en accord avec les caractéristiques physiques du système. Par exemple, si on s'attend à ce que la réponse impulsionnelle du système soit un train d'impulsion, la solution à trouver doit être des impulsions avec des positions et des amplitudes inconnus. Donc, le problème de déconvolution peut être traité comme un problème d'estimation de paramètre, qui offre une solution de haute résolution [10].

4.4.1. Modèle de l'écho ultrasonore

Dans le contrôle ultrasonore du type mode écho, le signal d'écho rétro diffusé d'un réflecteur plan peut être modélisé par [101] :

$$y(t) = s(\theta; t) \qquad (4.23)$$

Ici, $s(\theta; t)$ représente l'écho gaussien,

$$s(\theta; t) = \beta e^{-\alpha(t-\tau)^2} \cos(2\pi f_c(t-\tau) + \phi) \qquad (4.24)$$

Avec $\theta = [\alpha \quad \tau \quad f_c \quad \phi \quad \beta]$

En raison de sa forme d'enveloppe gaussienne, ce modèle désigné sous le nom "modèle d'écho gaussien ".

Les paramètres de signal écho sont :

α : Facteur de largeur de bande ;

τ : Temps d'arrivé ;

f_c : Fréquence centrale ;

ϕ : Phase ;

et β : Amplitude.

Ces paramètres ont des significations intuitives pour un réflecteur plan idéal dans un chemin de propagation homogène. Le temps d'arrivée τ est lié à l'endroit du réflecteur. Le facteur de largeur de bande α détermine la largeur de bande de l'écho ou la durée de l'écho dans le domaine temporel. La fréquence centrale f_c est régie par la fréquence centrale du traducteur ultrasonore et les caractéristiques fréquentielles du milieu de propagation. L'écho possède une amplitude β et une phase ϕ calculées à partir de l'impédance acoustique, la taille, et l'orientation du réflecteur.

Pour expliquer les effets de bruit en estimation, un processus de bruit peut être inclus dans le modèle. Le bruit provient de la mesure, caractérisé comme un bruit blanc additif. Alors, l'écho ultrasonore d'un réflecteur plan peut être modélisé comme :

$$y(t) = s(\theta; t) + b(t) \qquad (4.25)$$

Avec $s(.)$ est le modèle gaussien de l'écho (4.23) et $b(t)$ dénote le bruit blanc additif.

4.4.2. Estimation d'un seul écho ultrasonore

Le modèle ultrasonore des échos rétro diffusés en présence de bruit blanc se compose de beaucoup de paramètres qui sont liés aux propriétés physiques des réflecteurs et les caractéristiques de la fréquence du milieu de propagation. L'évaluation de ces paramètres est souhaitable pour l'évaluation quantitative des échos ultrasonores.

Le modèle d'observation (4.25) pour un écho ultrasonore peut être écrit sous la forme discrète suivante :

$$x = s(\theta) + b \qquad (4.26)$$

Où $x \in \Re^N$ est un vecteur des observations,

$b \in \Re^N$ est le vecteur de bruit,

et $s(\theta) : \theta \in \Re^5 \to s(\theta) \in \Re^N$ est un vecteur d'écho gaussien défini par le modèle :

$$s(\theta; t(nT)) = \beta e^{-\alpha(t(nT) - \tau)^2} \cos\{2\pi f_c(t(nT) - \tau) + \phi\} \qquad (4.27)$$

pour $\quad n = 0,1,2,\ldots\ldots,N-1$

Où $t(nT)$ sont les échantillons discrets du temps t et T est la période d'échantillonnage.

Les paramètres de l'écho sont stockés dans le vecteur de paramètre $\theta = [\alpha \quad \tau \quad f_c \quad \phi \quad \beta]$.

Le but de cet algorithme est d'estimer le vecteur de paramètre θ qui donne les observations des échos dans x. Pour réaliser ceci, trois problèmes principaux doivent être résolus. Premièrement, la transformation de l'espace des paramètres à l'espace du signal est non linéaire, et la transformation de l'espace du signal à l'espace des paramètres est également non linéaire et n'a aucune solution explicite. En second lieu, le bruit inclus dans le signal mesuré cache l'estimation de la varie valeur des paramètres. Par conséquent, la dégradation dans l'estimation des paramètres nécessite une évaluation quantitative de l'erreur. Troisièmement, le nombre d'échos n'est pas connu a priori pour beaucoup d'échos chevauchés. Les deux premiers problèmes seront traités par l'algorithme du maximum de vraisemblance en considérant l'estimation de paramètres dans le cas d'un écho simple.

L'estimation par le maximum de vraisemblance (MV) du θ est définie comme la valeur du paramètre qui maximise la fonction de vraisemblance donnant la fonction de densité de probabilité commune des observations x.

$$p(x : \theta) = \frac{1}{(2\pi)^{N/2} |C(\theta)|^{1/2}} \exp\left\{-\frac{1}{2}(x - \mu(\theta))^T C^{-1}(\theta)(x - \mu(\theta))\right\} \qquad (4.28)$$

Où $\mu(\theta) = E\{s(\theta) + v\}$: est le vecteur moyen

et $C(\theta) = E\{(x - \mu(\theta))(x - \mu(\theta))^T\}$: est la matrice de covariance des observations.

Pour le cas d'un bruit blanc et d'un vecteur de paramètre du modèle d'observation constant (4.26), c'est $\mu(\theta) = s(\theta)$ et $C(\theta) = \sigma^2 I$, la fonction de vraisemblance peut s'écrire : $J(\theta) = (x - s(\theta))^T (x - s(\theta)) = \|x - s(\theta)\|^2$

Le maximum de vraisemblance de θ peut être trouvé en réduisant au minimum cette fonction objective dans laquelle on utilise les données observées x et le modèle $s(\theta)$.

Dans cette étude, nous avons implémenté un algorithme de Gauss Newton (GN) conçue pour un calcul rapide répondant à notre problème spécifique.

Prenant le modèle d'écho gaussien, la formule d'itération de Gauss Newton permettant l'estimation du vecteur de paramètre peut être écrite [102] :

$$\theta^{(k+1)} = \theta^{(k)} + (H^T(\theta^{(k)})H(\theta^{(k)}))^{-1}H^T(\theta^{(k)})(x - s(\theta)) \tag{4.29}$$

où $H(\theta)$ représente les gradients du modèle des paramètres dans le vecteur de paramètre $\theta = [\alpha \quad \tau \quad f_c \quad \phi \quad \beta]$, donné par [101] :

$$H(\theta) = \left[\frac{ds(\theta)}{d\alpha} \frac{ds(\theta)}{d\tau} \frac{ds(\theta)}{df_c} \frac{ds(\theta)}{d\phi} \frac{ds(\theta)}{d\beta} \right] \tag{4.30}$$

L'algorithme de Gauss Newton peut être mis en application à travers les étapes suivantes :

Etape 1 : Initialiser le vecteur de paramètre $\theta^{(0)}$ et poser $k = 0$ (nombre d'itération)

Etape 2 : Calculer les gradients de $H(\theta^{(k)})$ et le modèle $s(\theta^{(k)})$

Etape 3 : Itérer le vecteur de paramètres

$$\theta^{(k+1)} = \theta^{(k)} + (H^T(\theta^{(k)})H(\theta^{(k)}))^{-1}H^T(\theta^{(k)})(x - s(\theta))$$

Etape 4 : Tester la convergence

Si $\|\theta^{(k+1)} - \theta^{(k)}\| < $ tolérance, alors stop

Etape 5 : Initialiser k=k+1 et allez à l'étape 2.

4.4.3. Estimation des paramètres inconnus de l'ondelette de l'écho par l'algorithme EM (Expectation Maximization)

Le modèle représenté par l'équation (4.25) peut être généralisé à un modèle multiples échos. En effet, supposons qu'un signal écho du type gaussien pour chaque réflecteur, les échos reçus peuvent être modélisés par M-échos gaussiens superposés :

$$y(t) = \sum_{m=1}^{M} \beta_m e^{-\alpha_m (t-\tau_m)^2} \cos(2\pi f_{c_m}(t-\tau_m)+\phi_m) + b(t) \qquad (4.31)$$

Les paramètres de chaque écho peuvent être groupés dans un vecteur de paramètre exprimé par $\theta_m = [\alpha_m \quad \tau_m \quad f_{cm} \quad \phi_m \quad \beta_m]$. Chaque vecteur de paramètre définit la forme de l'écho correspondant. Le modèle dans l'équation (4.31) peut être écrit:

$$y(t) = \sum_{m=1}^{M} s(\theta_m; t) + b(t) \qquad (4.32)$$

Où $s(.)$ représente le modèle gaussien du signal écho.

Noter que chaque vecteur θ_m représente les paramètres, la forme et l'endroit de l'écho correspondant. Ce système est illustré schématiquement dans la figure (4.6).

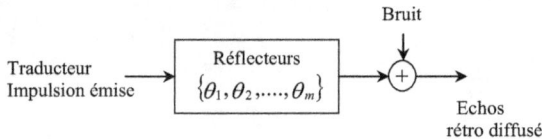

Figure 4.6 : Modèle du signal ultrasonore des échos rétro diffusés

Dans cette étude, nous procédons à l'estimation des paramètres des échos gaussiens à partir du signal contenant des échos rétro diffusés avec un bruit blanc additif.

L'application de l'algorithme Gauss Newton permettant l'estimation d'un seul écho a été démontrée. Pour être efficace, il faut une initialisation raisonnable pour avoir une solution optimale. Cependant, la résolution du problème général c-à-d le cas des échos multiples superposés additionnés à un bruit blanc (modèle donné par l'équation 5.32) par le maximum de vraisemblance exige la minimisation de l'expression suivante :

$$\left\| y - \sum_{m=1}^{M} s(\theta_m) \right\|^2 \qquad (4.33)$$

Le terme y est le vecteur d'observation qui contient M-échos plus bruit. En général, la minimisation de l'équation (4.33) n'est pas pratique en raison du volume des calculs et du faible potentiel de convergence. Comme alternative aux méthodes des moindres carrés, l'algorithme EM sera appliqué pour l'estimation des paramètres des signaux superposés et bruités [101][103].

4.4.4. Principe de l'algorithme EM

Comme alternative aux méthodes des moindres carrées, on a proposé l'algorithme EM pour l'estimation des paramètres des signaux superposés noyés dans le bruit [103].

L'algorithme EM traduit l'estimation de M-échos superposés par M-écho estimés séparément. Chaque itération de l'algorithme consiste une étape d'Espérance et une étape de Maximisation. Nous définissons x_m comme données inobservables et pour le $m^{\text{ième}}$ écho un vecteur de bruit blanc b_m.

$$x_m = s(\theta_m) + b_m \tag{4.34}$$

Ces données inobservables représentent un écho simple dans le bruit et se relient aux données observables par la transformation linéaire suivante :

$$y = \sum_{m=1}^{M} x_m \tag{4.35}$$

x_m et y sont des séquences aléatoires gaussiens.

On a montré qu'on peut calculer le maximum de vraisemblance des paramètres des vecteurs θ_m qui dépendent des données x_m. Le maximum de vraisemblance de θ_m maximise la densité de probabilité associée aux données d'observation x_m (4.28). Cependant, les données d'observations x_m ne sont pas directement disponibles.

L'algorithme EM

Etant donnée la transformation linéaire dans (4.35), l'espérance de x_m peut être calculée en termes de données observées et la valeur courante estimée des paramètres de vecteur est exprimée par :

$$\overset{\wedge(k)}{x_m} = s(\theta_m^{(k)}) + \beta_m \left(y - \sum_{l=1}^{M} s(\theta_l^{(k)}) \right) \tag{4.36}$$

Avec $\sum_{m=1}^{M} \beta_m = 1$

C'est l'étape d'espérance (Étape E) de l'algorithme EM. L'étape de maximisation (Étape M) implique la maximisation de la fonction de probabilité liée au vecteur correspondant de paramètre en utilisant le signal estimé de l'Etape E [104]. Alors on a M Etapes, itérées de vecteur de paramètres θ_m pour la minimisation :

$$\theta_m^{(k+1)} = \arg_{\theta_m} \min \left\| \hat{x}_m^{(k)} - s(\theta_m) \right\|^2 \tag{4.37}$$

En résumé, l'algorithme EM permettant l'estimation des paramètres de M échos superposés et bruités, peut être implémenté en suivant les étapes suivantes :

Etape 1 : Initialiser le vecteur de paramètre $\Theta = [\theta_1^{(0)}; \theta_2^{(0)}; ....; \theta_M^{(0)}]$

et poser $k = 0$ *(nombre d'itération)*

Etape 2 : Pour $m = 1, 2, ...M$ *Calculer l'espérance des échos (Etape-E)*

$$\hat{x}_m^{(k)} = s(\theta_m^{(k)}) + \frac{1}{M}\left(y - \sum_{l=1}^{M} s(\theta_l^{(k)}) \right)$$

Etape 3 : Pour $m = 1, 2, ...M$ *itérer le vecteur paramètre correspondant (Etape-M)*

$$\theta_m^{(k+1)} = \arg_{\theta_m} \min \left\| \hat{x}_m^{(k)} - s(\theta_m) \right\|^2$$

Etape 4 : Tester la convergence Si $\left\| \Theta^{(k+1)} - \Theta^{(k)} \right\| <=$ *tolérance, alors stop*

Etape 5 : si non initialiser k=k+1 et aller à l'étape 2.

Dans l'étape 2 de l'algorithme (Étape E), les signaux d'espérance sont calculés en utilisant l'estimation courante des paramètres $\theta_m^{(k)}$ et les données observées y. Puis, en utilisant ces signaux estimés, dans l'étape M, $\theta_m^{(k+1)}$ est calculé pour chaque signal comme estimation de maximum de vraisemblance de $\theta_m^{(k)}$. En d'autres termes, l'étape M correspond au Maximum de vraisemblance d'un écho simple en utilisant les données estimées $\theta_m^{(k)}$.

Noter que l'étape M peut être mise en application en utilisant l'algorithme de Gauss Newton développé dans la partie d'estimation d'un seul écho. La gaussienne initiale pour l'algorithme serait l'estimation courante de la $m^{ième}$ ensemble de paramètre, et les données seraient l'espérance du $m^{ième}$ signal écho. Puis, l'algorithme renvoie le Maximum de vraisemblance pour le $m^{ième}$ écho. Une fois le MV pour chaque écho est exécuté, l'espérance de chaque écho, dans la prochaine étape-E, $\hat{x}_{m+1}^{(k)}$ peut être calculée par $\theta_m^{(k+1)}$ et ainsi de suite.

Lorsque tous les paramètres soient mis à jour, la norme de l'amélioration des vecteurs de paramètre est comparée à la tolérance fixée par l'utilisateur pour voir la convergence dans l'étape 4 de l'algorithme. Sinon, les étapes 2 et 3 seront répétées en utilisant les paramètres estimés de l'itération précédente.

4.4.5. Estimation de la réflectivité

Dans le contrôle ultrasonore du type mode écho, le signal d'écho ultrasonore propagé dans un chemin homogène et reflété d'une surface plate peut être représenté par le modèle :

$$s(t) = \beta h(t - \tau) \tag{4.38}$$

où $h(t)$ dénote la réponse impulsionnelle du transducteur.

L'amplitude de l'écho, β, du réflecteur est principalement régie par l'impédance, la taille ou l'orientation du réflecteur. Le temps d'arrivée de l'écho, τ, est lié à l'endroit du réflecteur, comme distance du traducteur sur la vitesse du son dans le chemin de propagation. Le modèle de l'équation (4.38) représente le temps d'arrivée de l'écho d'une cible dans un chemin homogène et non dispersif. Ce modèle peut être généralisé dans le cas de M-échos, par :

$$y(t) = \sum_{m=1}^{M} \beta_m h(t - \tau_m) + b(t) \tag{4.39}$$

où le vecteur de réflectivité $\psi_m = [\beta_m \quad \tau_m]$ représente l'amplitude et le temps d'arrivée du $m^{ième}$ écho. Le terme $b(t)$ représente le bruit de mesure et peut être modelé comme un bruit blanc gaussien.

Ce modèle représente M échos reflétés d'une région localisée dans le matériau à condition que la réponse impulsionnelle de transducteur soit invariable dans tout le chemin de propagation.

L'estimation des vecteurs de paramètre à partir des échos mesurés peut être exprimée comme problème de déconvolution, comme le montre la figure (1.2), et l'équation (4.39) peut être récrit par :

$$y(t) = h(t) * \left\{ \sum_{m=1}^{M} \beta_m \delta(t - \tau_m) \right\} + b(t) \qquad (4.40)$$

Dans l'équation (4.40), la limite encadrée s'appelle la réflectivité et $h(t)$ dénote la réponse impulsionnelle de transducteur.

Le problème de déconvolution (connu sous le nom de problème inverse) est de reconstituer la réflectivité. Le problème inverse peut être mieux formulé on utilisant les notations discrètes pour (4.40) :

$$y = Hr + b \qquad (4.41)$$

Où H est une matrice dont les colonnes sont obtenues par décalage de h ;

r : Réflectivité ;

b : Bruit blanc gaussien ;

Si la réponse de système est traitée comme processus aléatoire avec des statistiques connues, le modèle donné par l'équation (4.41) peut être décrit comme «Modèle linéaire bayésienne» [102].

Dans ce travail, nous abordons le problème de déconvolution donné par l'équation (4.40) dans le cadre de l'estimation basée sur un modèle. Le nombre de réflecteur M est censé être connu.

En outre, il n'y a aucune hypothèse ou connaissance statistique imposée à l'amplitude et/ou aux temps d'arrivées des réflecteurs. Cette méthode est également connue sous le nom déconvolution basée sur un modèle [92][103].

Les vecteurs inconnus peuvent être estimés en minimisant l'erreur quadratique moyenne entre les données observées et le modèle, supposons que le bruit est blanc gaussien. Nous rappelons que l'erreur quadratique moyenne est une fonction non linéaire des paramètres.

Une solution de cette méthode est d'utiliser à savoir l'algorithme SAGE (Space Alternating Generalized EM algorithm) [92]. L'algorithme SAGE exprime le problème d'estimation de M réflecteurs dans l'estimation d'un seul réflecteur au même temps, fournissant une souplesse dans les calculs.

Cependant, la convergence et la vitesse de l'algorithme SAGE dépendent de la convergence et de la vitesse «de l'estimation d'un seul réflecteur» [101].

130

En résumé, l'algorithme SAGE pour l'estimation des réflecteurs des échos rétro diffusés est mis en application selon les étapes suivantes :

Etape 1 : Initialiser le vecteur de paramètre $\psi^{(0)} = [\psi_1^{(0)}; \psi_2^{(0)}, ...\psi_M^{(0)}]$

    et poser $k = 0$ *(nombre d'itération) et* $m = 1$ *(numéro de l'écho).*

Etape 2: (Etape-E) Calculer l'espérance des échos pou le $m^{ième}$ *écho:*

$$\hat{x}_m^{(k)} = s(\psi_m^{(k)}) + \frac{1}{M}\left(y - \sum_{l=1}^{M} s(\psi_l^{(k)}) \right),$$

    où $\psi_m = [\beta_m \quad \tau_m]$ *et* $s(\psi_m) = \beta_m h(t - \tau_m)$.

Etape 3: (Etape-M) itérer le vecteur paramètre correspondant le $m^{ième}$ *écho*
    avec l'algorithme Gauss Newton (GN) [10][102] :

$$\psi_m^{(k+1)} = \arg_{\psi_m} \min \left\| \hat{x}_m^{(k)} - s(\psi_m) \right\|^2 \text{ et poser } \psi_m^{(k)} = \psi_m^{(k+1)}$$

Etape 4: Initialiser $m \rightarrow m+1$ *et aller à l'étape 2 tant que* $M > m$.

Etape 5 : Tester la convergence : Si $\left\| \Psi_m^{(k+1)} - \Psi_m^{(k)} \right\| \leq$ tolerance*, alors stop.*

Etape 6 : si non initialiser $m = 1, k \rightarrow k+1$ *et aller à l'étape 2.*

Cet algorithme permet de déterminer τ_m et β_m à partir des différents échos, par la suite sépare les différents échos.

4.4.6. Résultats de la simulation

Afin d'évaluer la technique proposée, une simulation a été effectuée en utilisant le signal ultrasonore synthétique contenant cinq échos noyés dans différent pourcentage de bruit.

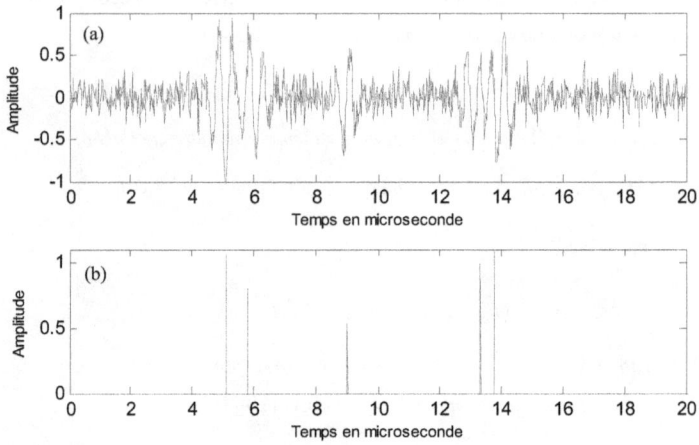

Figure 4.7 : a) Signal d'entrée (trace synthétique noyée dans 50% du bruit),
b) Résultat de la déconvolution basée sur un modèle.

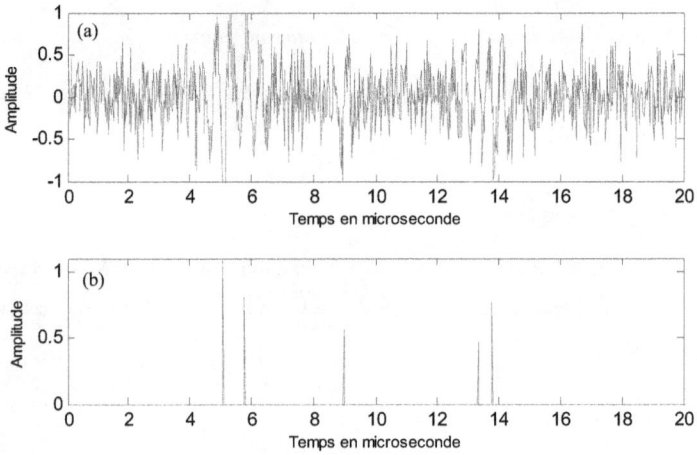

Figure 4.8 : a) Signal d'entrée (trace synthétique noyée dans 100% du bruit),
b) Résultat de la déconvolution basée sur un modèle.

		Temps de vol en μs et précision en %			
		Défaut D1	Défaut D2	Défaut D3	EP
Valeur réelle		1	4	8	9
Valeurs mesurées sur le signal synthétique noyé dans le bruit	10%	0.95	3.99	7.96	8.96
		5%	0.2%	0.5%	0.44%
	50%	0.69	3.87	8.18	8.63
		31%	3.2%	2.2%	4.1%
	80%	0.85	3.94	7.95	8.94
		15%	1.5%	0.6%	0.6%
	100%	0.9	3.9	8.24	8.69
		31%	2.5%	3%	3.4%

Tableau 4.4 : Positions des échos et la précision de détection en % en fonction du taux de bruit injecté.

A travers les résultats obtenus, résumés dans le tableau (4.4), nous constatons que nous avons obtenu de bons résultats. Dans la détection de défaut D1, nous avons obtenu une précision de 5% à 31% selon le niveau de bruit. Quant aux défauts D2 et D3, nous avons obtenu une précision de 0.2% à 3.2% selon le niveau de bruit. Pour la mesure d'épaisseur nous avons obtenu une précision de 0.44% à 3.4% selon le niveau de bruit.

4.5. Résultats expérimentaux

Dans cette partie, nous avons mené les mêmes expérimentations concernant les trois méthodes de déconvolution aveugle sur les signaux des trois matériaux : l'acier, l'aluminium et les matériaux composites de type CFRP.

Les figures (4.9), (4.10) et (4.11) illustrent les résultats des trois méthodes de déconvolution aveugle des signaux des pièces d'acier (échantillon 1, échantillon 2 et échantillon 3).

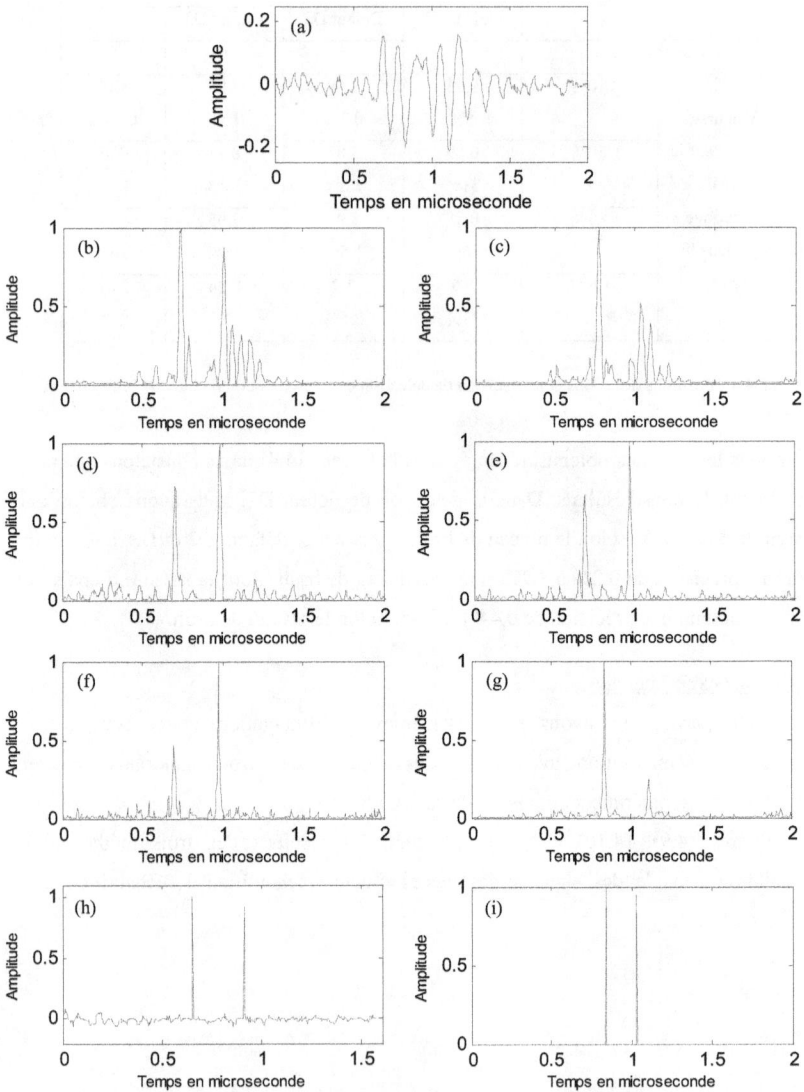

Figure 4.9 : Résultats de la déconvolution, a) Signal de la pièce d'acier (échantillon 1), b) MED-CLPD (τ_b-τ_a = 0.27μs), c) MED-EXP (τ_b-τ_a = 0.26μs), d) MED 3ème ordre (τ_b-τ_a = 0.28μs), e) MED 4ème ordre (τ_b-τ_a = 0.28μs), f) MED 5ème ordre (τ_b-τ_a = 0.28μs), g) MED 6ème ordre (τ_b-τ_a = 0.28μs), h) DRN (τ_b-τ_a = 0.26μs), i) Déconvolution basée sur un modèle (τ_b-τ_a = 0.187μs).

134

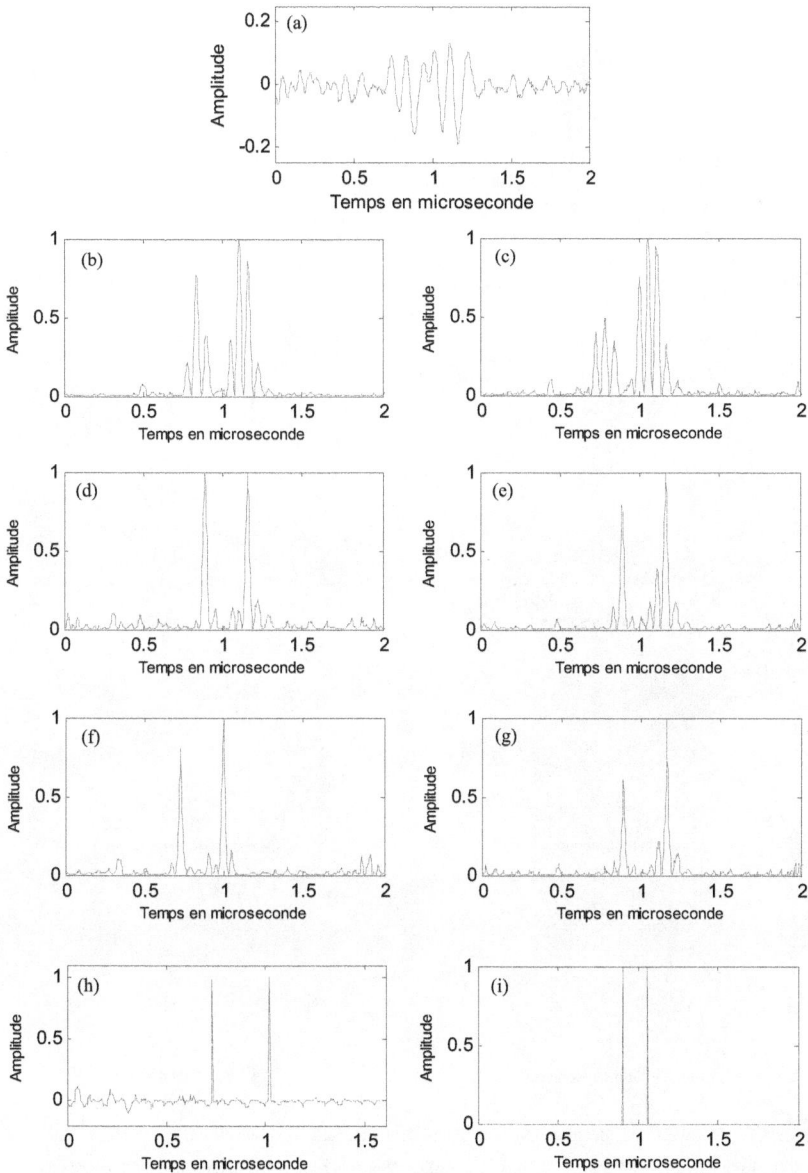

Figure 4.10 : Résultats de la déconvolution, a) Signal de la pièce d'acier (échantillon 2), b) MED-CLPD (τ_b-τ_a = 0.27µs), c) MED-EXP (τ_b-τ_a = 0.27µs), d) MED 3ème ordre (τ_b-τ_a = 0.28µs), e) MED 4ème ordre (τ_b-τ_a = 0.28µs), f) MED 5ème ordre (τ_b-τ_a = 0.27µs), g) MED 6ème ordre (τ_b-τ_a = 0.28µs), h) DRN (τ_b-τ_a = 0.29µs), i) Déconvolution basée sur un modèle (τ_b-τ_a = 0.154µs).

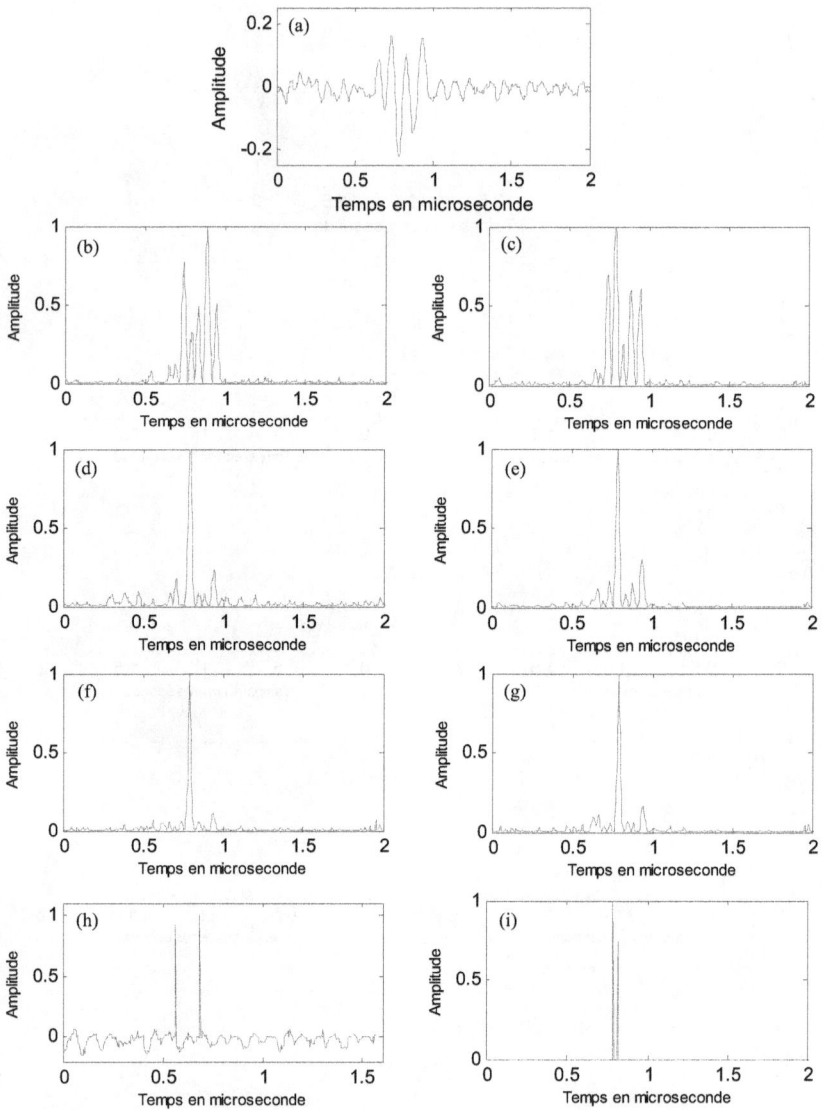

Figure 4.11 : Résultats de la déconvolution, a) Signal de la pièce d'acier (échantillon 3), b) MED-CLPD (τ_b-$\tau_a = 0.14\mu s$), c) MED-EXP (τ_b-$\tau_a = 0.16\mu s$), d) MED 3ème ordre (τ_b-$\tau_a = 0.15\mu s$), e) MED 4ème ordre (τ_b-$\tau_a = 0.15\mu s$), f) MED 5ème ordre (τ_b-$\tau_a = 0.15\mu s$), g) MED 6ème ordre (τ_b-$\tau_a = 0.15\mu s$), h) DRN (τ_b-$\tau_a = 0.12\mu s$), i) Déconvolution basée sur un modèle (τ_b-$\tau_a = 0.03\mu s$).

136

La figure (4.12) illustre les résultats des trois méthodes de déconvolution aveugle du signal d'aluminium.

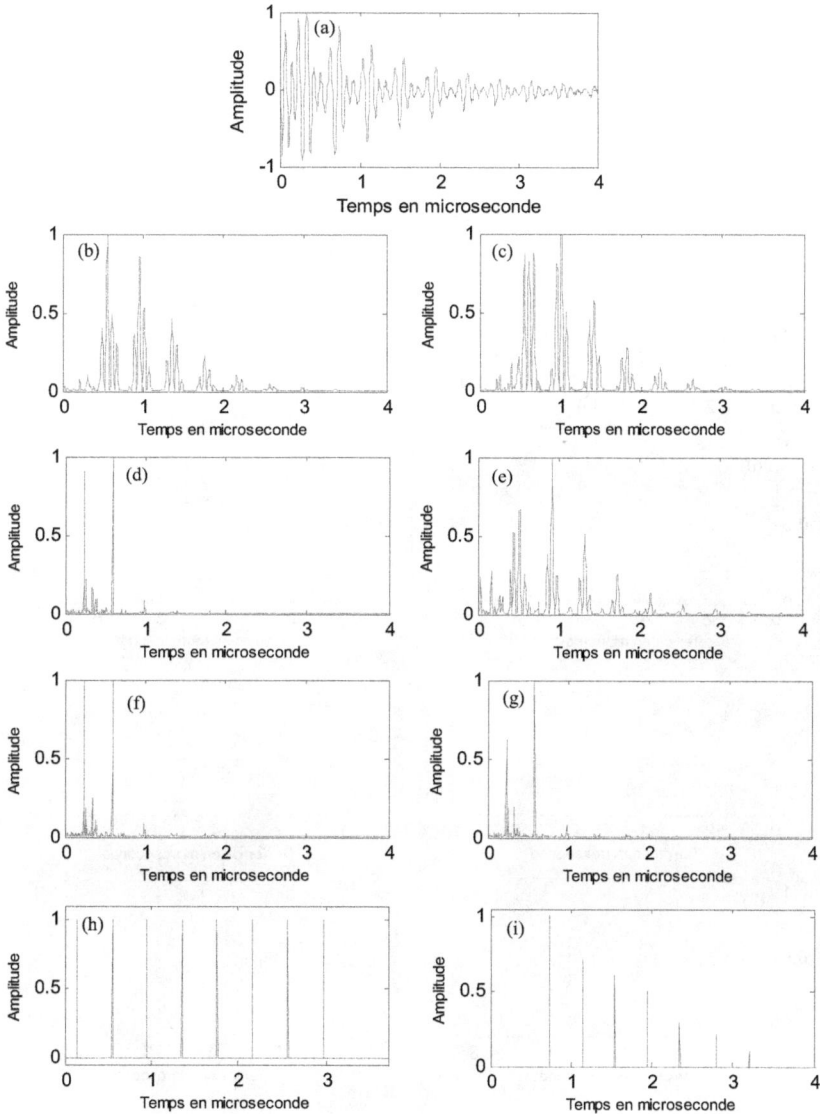

Figure 4.12 : Résultats de la déconvolution, a) Signal de la pièce d'Aluminium, b) MED-CLPD (τ_b-τ_a = 0.4μs), c) MED-EXP (τ_b-τ_a = 0.41μs), d) MED 3ème ordre (τ_b-τ_a = 0.34μs), e) MED 4ème ordre (τ_b-τ_a = 0.41μs), f) MED 5ème ordre (τ_b-τ_a = 0.35μs), g) MED 6ème ordre (τ_b-τ_a = 0.35μs),), h) DRN (τ_b-τ_a = μs), i) Déconvolution basée sur un modèle (τ_b-τ_a = 0.39μs).

Les figures (4.13), (4.14) et (4.15) illustrent les résultats des trois méthodes de déconvolution aveugle des signaux de la pièce CFRP (zone 1, 2 et 3).

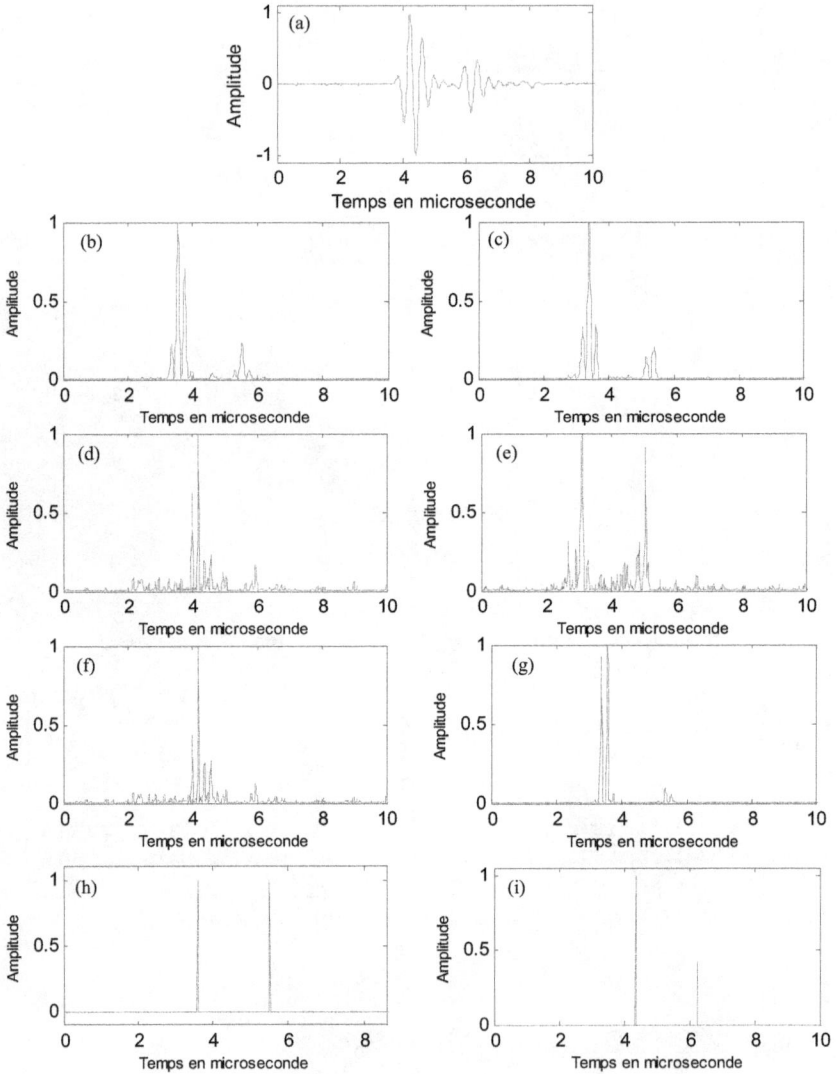

Figure 4.13: Résultats de la déconvolution, a) Signal de la pièce CFRP (zone 1), b) MED-CLPD (τ_b-τ_a = 1.78µs), c) MED-EXP (τ_b-τ_a = 1.94µs), d) MED $3^{\text{ème}}$ ordre (τ_b-τ_a = 2.1µs), e) MED $4^{\text{ème}}$ ordre (τ_b-τ_a = 1.94µs), f) MED $5^{\text{ème}}$ ordre (τ_b-τ_a =1.93µs), g) MED $6^{\text{ème}}$ ordre (τ_b-τ_a = 1.94µs), h) DRN (τ_b-τ_a = 1.9µs), i) Déconvolution basée sur un modèle (τ_b-τ_a = 1.88µs).

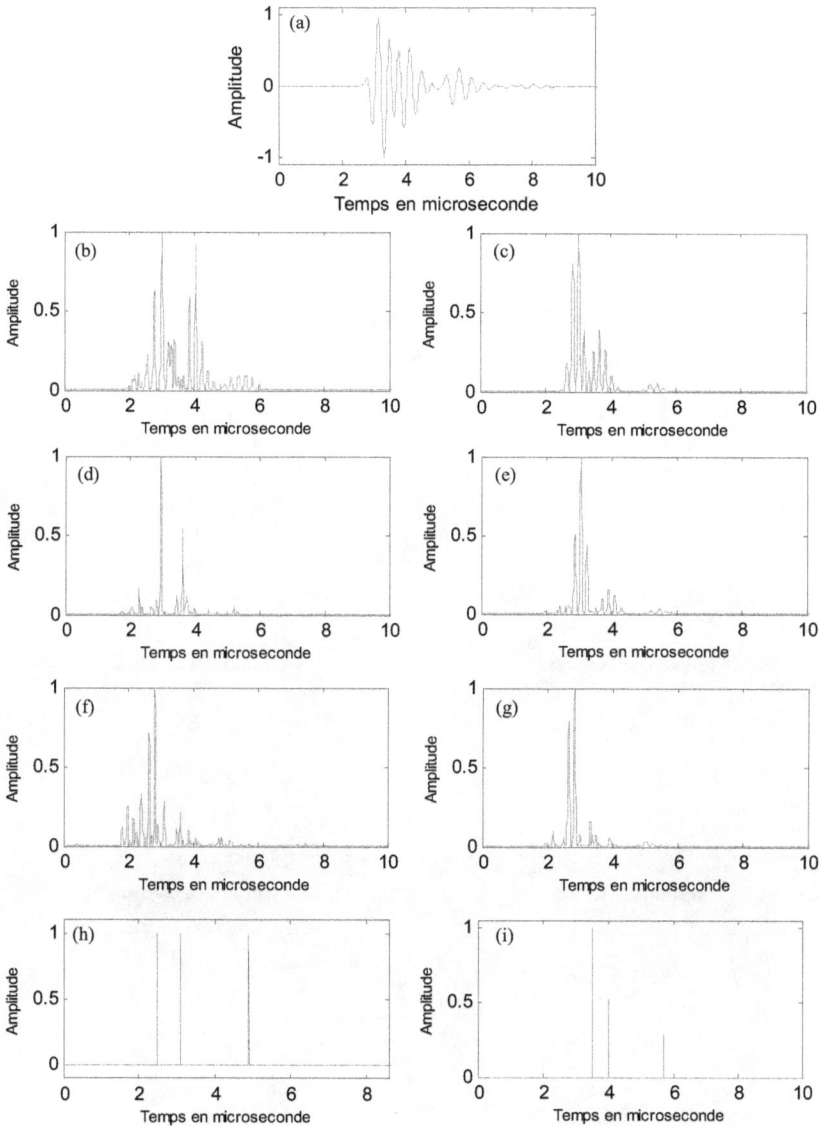

Figure 4.14 : Résultats de la déconvolution, a) Signal de la pièce CFRP (zone 2), b) MED-CLPD, c) MED-EXP, d) MED 3ème ordre, e) MED 4ème ordre, f) MED 5ème ordre, g) MED 6ème ordre, h) DRN , i) Déconvolution basée sur un modèle.

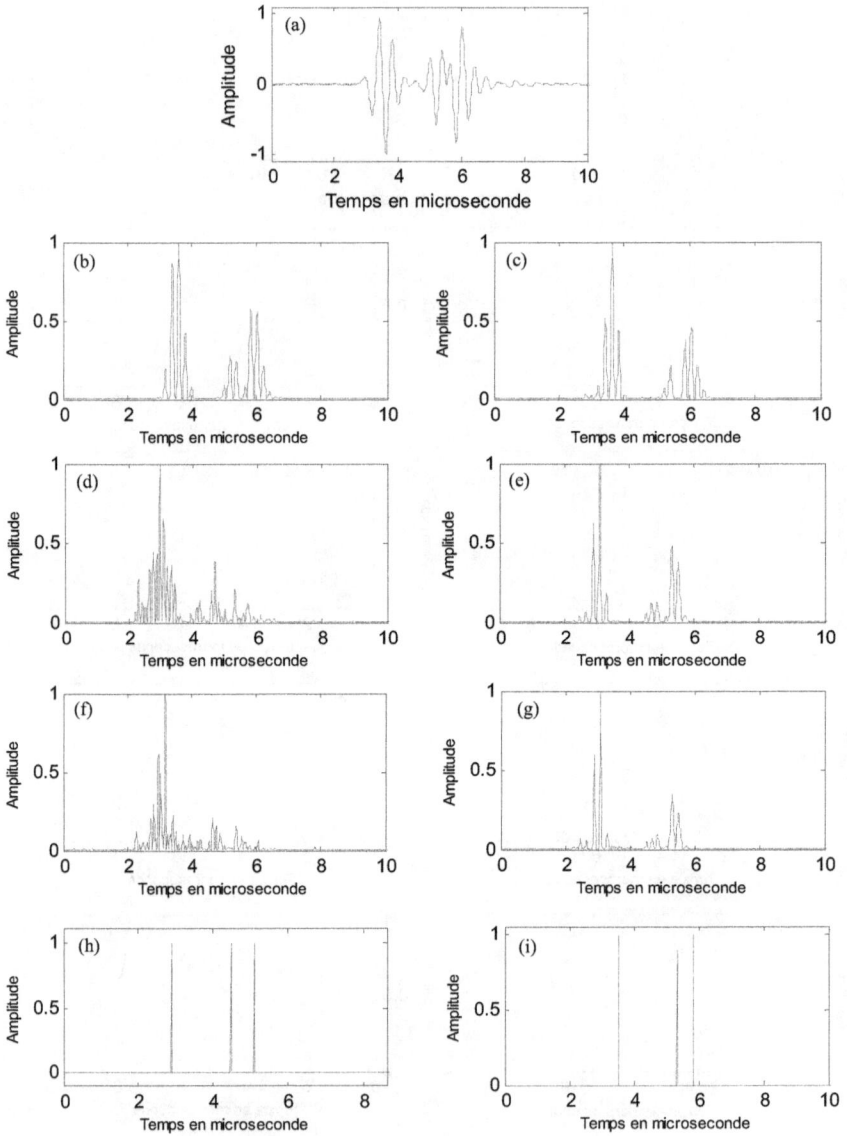

Figure 4.15: Résultats de la déconvolution, a) Signal de la pièce CFRP (zone 3), b) MED-CLPD, c) MED-EXP, d) MED 3ème ordre, e) MED 4ème ordre, f) MED 5ème ordre, g) MED 6ème ordre, h) DRN, i) Déconvolution basée sur un modèle.

Dans le tableau (4.5), nous récapitulons tous les résultats obtenus par les méthodes de déconvolution aveugle sur les trois matériaux utilisés.

| | | MED | | | | | | DRN | basée sur un modèle | Valeur réelle (mm) |
		CLPD	EXP	3ème ordre	4ème ordre	5ème ordre	6ème ordre			
Acier (échantillon 1)		0.27µs	0.26µs	0.28µs	0.28µs	0.28µs	0.28µs	0.26µs	0.187 µs	0.8mm
		0.78mm	0.75mm	0.81mm	0.81mm	0.81mm	0.81mm	0.75mm	0.55mm	
		2.5%	6.25%	1.25%	1.25%	1.25%	1.25%	6.25%	31.25%	
Acier (échantillon 2)		0.27µs	0.27µs	0.28µs	0.28µs	0.27µs	0.28µs	0.28µs	0.154 µs	0.8mm
		0.78mm	0.78mm	0.81mm	0.81mm	0.78mm	0.81mm	0.82mm	0.45mm	
		2.5%	2.5%	1.25%	1.25%	2.5%	1.25%	2.5%	43%	
Acier (échantillon 3)		0.14µs	0.16µs	0.15µs	0.15µs	0.15µs	0.15µs	0.12µs	0.03 µs	0.3mm
		0.4mm	0.46mm	0.43mm	0.43mm	0.43mm	0.43mm	0.35mm	0.09mm	
		33%	53%	43%	43%	43%	43%	16%	70%	
Aluminium (Epaisseur de la pièce)		0.4µs	0.41µs	0.34µs	0.41µs	0.35µs	0.35µs	0.41µs	0.39 µs	1.2mm
		1.26mm	1.29mm	1.07mm	1.29mm	1.1mm	1.1mm	1.29mm	1.22mm	
		5%	7.5%	11%	7.5%	8%	8%	7.5%	1.6%	
CFRP (zone 1) (Epaisseur de la pièce)		1.78µs	1.94µs	2.1µs	1.94µs	1.93µs	1.94µs	1.9µs	1.88 µs	2.67mm
		2.53mm	2.75mm	2.98mm	2.75mm	2.74mm	2.75mm	2.68mm	2.66mm	
		5.2%	2.9%	11%	2.9%	2.6%	2.9%	0.37%	0.3%	
CFRP zone 2	Epaisseur de la pièce	2.6 µs	2.39µs	2.24µs	2.38µs	2.05µs	2.12µs	2.4µs	2.4 µs	3.3mm
		3.67mm	3.38mm	3.16mm	3.36mm	2.9mm	2.99mm	3.39mm	3.39mm	
		11%	2.4%	4.2%	1.8%	12%	9.3%	2.7%	2.7%	
	Position de délamination (écho de défaut proche de la face avant)	0.46µs	0.46µs	0.66µs	0.46µs	0.47µs	0.53µs	0.6µs	0.47 µs	0.63mm
		0.66mm	0.65mm	0.93mm	0.65mm	0.66mm	0.75mm	0.84mm	0.66mm	
		4.7%	4.7%	47%	4.7%	6%	19%	33%	6%	
CFRP zone 3	Epaisseur de la pièce	2.22µs	2.42µs	2.33µs	2.21µs	2.22µs	2.21µs	2.2µs	2.3 µs	3.3mm
		3.14mm	3.42mm	3.29mm	3.12mm	3.14mm	3.12mm	3.11mm	3.25mm	
		4.8%	3.6%	0.3%	5.4%	4.8%	5.4%	5.7%	1.5%	
	Position de délamination (écho de défaut proche de la face arrière)	1.6µs	1.79µs	1.73µs	1.76µs	1.49µs	1.77µs	1.6µs	1.8µs	2.22mm
		2.26mm	2.53mm	2.44mm	2.49mm	2.1mm	2.5mm	2.26mm	1.8mm	
		1.8%	13.9%	9.9%	12%	5.4%	12.6%	1.8%	2.5mm	
									12.6%	

Tableau 4.5 : Mesure d'épaisseur et de profondeur du défaut avec précision en %.

Dans le tableau (4.5), nous remarquons que nous avons obtenu une précision de 1.25% pour les deux pièces d'acier (échantillon 1 et échantillon 2) par les algorithmes de déconvolution MED généralisé (3ième, 4ième, 5ième et 6ième ordre).

Dans la mesure d'épaisseur de la pièce d'aluminium nous avons obtenu des précisions entre 1.6% et 11% par les méthodes de déconvolution aveugle. Quant au, mesure d'épaisseur des pièces de composites, nous avons obtenu des précisons entre 0.3% et 11% par ces méthodes de déconvolution aveugle.

A la lumière des résultats obtenus par les algorithmes appliqués, nous considérons que leur adaptation au CND des matériaux composites est d'un grand intérêt pour les utilisateurs. Ces résultats ont fait l'objet de deux publications [15][105].

La méthode basée sur un modèle analytique donne entière satisfaction dans la détection et la localisation des défauts de délaminage. En effet des précisions inférieures à 6% pour le défaut proche de la face avant et 13% pour le défaut proche de la face arrière. Quant à la mesure de l'épaisseur du CFRP est inférieur à 3%. Ces résultats sont considérés très satisfaisants puisque ils sont publiés dans la revue Ultrasonics [15].

L'autre méthode de déconvolution MED abordée dans ce chapitre, est considérée aussi comme un outil très puissant de traitement du signal dans la détection et la localisation des défauts dans les matériaux composites. Des précision < à 15% sont considérés comme très acceptables par les experts en CND. Les résultats de cette méthode ont été aussi publiés dans [105].

4.6. Conclusion

Dans ce chapitre, nous avons présenté dans un premier temps, l'une des méthodes de déconvolution aveugle à savoir la Déconvolution à Minimum d'Entropie avec ses différentes variantes. Ces méthodes recherchent de manière itérative le filtre inverse sous la forme moyenne ajustée. Les essais effectués nous ont permis de montrer que les algorithmes implémentés permettent une bonne localisation des échos de défauts même si le signal obtenu présente quelques échos indésirables. L'intérêt de ces méthodes réside dans le faible nombre de paramètres à déterminer. L'inconvénient majeur est le temps de calcul important. Une étude comparative des différentes méthodes MED [7] a été déjà réalisée par une équipe de recherche écossaise afin d'estimer la rapidité de convergence et la robustesse vis à vis de la longueur du filtre en utilisant des signaux ultrasonores appliqués au contrôle des matériaux. Il est à noter que l'expérience menée par ces chercheurs a été réalisée sur l'aluminium par un faisceau Laser en émission et un traducteur « air coupled » en réception. L'originalité de notre travail réside sur le fait que les signaux expérimentaux sont obtenus par une chaîne de contrôle par ultrasons classique avec un traducteur en mode écho. Le matériau utilisé est un composite multicouches et le défaut examiné (délaminage) est très nocif. Les résultats obtenus sont d'une précision inférieure à 11% pour la mesure d'épaisseur et une précision inférieure à 19% dans la détection de délamination proche de la face avant. Quant à la détection de délamination proche de la face arrière, la précision est inférieure à 14% [105].

Par la suite, nous avons présenté une méthode de déconvolution aveugle basée sur les réseaux de neurones DRN. La mise en application a été faite par l'algorithme de rétro propagation en exposant le réseau à un ensemble d'échos de défauts. Pour éliminer les fausses décisions et l'effet de débordement du signal, nous avons effectué une normalisation des données. Nous avons effectué nos essais avec un réseau à couches, constitué d'une couche d'entrée, deux couches cachées et d'une couche de sortie. A partir des résultats obtenus par la méthode DRN, nous remarquons que nous avons obtenu une bonne détection des échos quelque soit le niveau de bruit d'entrée. Néanmoins, cette méthode nécessite un apprentissage très lourd en temps de calcul et en nombre de signaux. La base de données doit être la plus proche de la réalité, c'est-à-dire, constituée de signaux réels provenant de matériaux ayant un bruit de structure similaire au matériau test. Nous avons obtenu une précision inférieure à 3% dans la mesure d'épaisseur des matériaux composites et une précision de 6% dans la détection de délamination proche de la face avant. Quant à la détection de délamination proche de la face arrière nous avons une précision de 12.6%.

La troisième méthode de déconvolution aveugle proposée, nous l'abordons par une approche basée sur un modèle analytique. Le problème de déconvolution peut être traité comme un problème d'estimation de paramètres, qui offre une solution de haute résolution. Nous avons vu que dans le contrôle ultrasonore du type mode écho, le signal d'écho rétro diffusé d'un réflecteur plan peut être modélisé comme un écho gaussien. En raison de sa forme d'enveloppe gaussienne, ce modèle est désigné sous le nom "modèle d'écho gaussien". Dans le cas d'un seul écho, l'estimation est effectuée par l'algorithme Gauss Newton. Dans le cas multi échos, l'estimation est effectuée par l'algorithme EM. Les résultats obtenus par cet algorithme de déconvolution sont très satisfaisants, voir meilleurs que les résultats obtenus précédemment. Cette méthode donne entière satisfaction dans la détection et la localisation des défauts de délaminage. En effet, des précisions inférieures à 6% pour le défaut proche de la face avant et 13% pour le défaut proche de la face arrière. Quant à la mesure de l'épaisseur du CFRP est inférieur à 3%. Des précisions inférieures à 15% sont considérées comme très acceptables par les experts en CND. Ces résultats considérés très satisfaisants, sont publiés dans la revue Ultrasonics [15].

CONCLUSION GENERALE

Dans cette thèse, nous avons présenté une synthèse sur les problèmes de déconvolution et leurs applications aux signaux ultrasonores. Ces problèmes ont été étudiés à partir d'un signal synthétique représentant un cas réel de contrôle ultrasonore et des signaux expérimentaux. Les méthodes étudiées devraient parvenir à une analyse automatique d'une acquisition ultrasonore (ou d'une partie de l'acquisition) afin de détecter les échos de défauts et les localiser à leurs juste positions. L'approche de ces problèmes a été réalisée sous un angle original comportant deux points essentiels :

- Mesure d'épaisseurs des matériaux composites multicouches.
- Détection des défauts de délaminage dans les matériaux composites multicouches.

Il est à noter que les techniques actuelles de caractérisation de défauts sont basées sur des procédures manuelles lourdes et peu adaptées à la masse importante d'informations contenues dans une acquisition ultrasonore.

Dans un premier temps, nous avons exposé le problème de déconvolution et son application aux signaux ultrasonores. Nous avons présenté les difficultés inhérentes à tout problème de déconvolution. Par la suite, nous avons présenté les méthodes de déconvolution appliquées au contrôle ultrasonore. Nous avons aussi présenté les problèmes des signaux ultrasonores résolus par la déconvolution, à savoir la détection des défauts dans les matériaux métalliques, la mesure des fines épaisseurs et le contrôle des matériaux composites.

Ensuite, nous avons montré que la restauration de l'entrée d'un système à partir de sa sortie bruitée, est un problème difficile, même dans le cas où la réponse impulsionnelle du système est parfaitement connue. Une partie de l'information caractérisant le signal d'entrée est perdue du fait de la bande passante limitée du filtre et en raison du bruit aléatoire affectant les mesures. Les résultats obtenus par les méthodes déterministes sont satisfaisants puisque la précision de détection est inférieure à 3% dans le cas de la mesure d'épaisseur d'un matériau composite. Quant au positionnement du défaut de délaminage, nous considérons que ces méthodes ne sont pas très précises. En effet, le défaut de délaminage proche de la face avant est localisé avec une précision de 41%. Mais les résultats attendus par la déconvolution sont illustrés par un signal contenant des pics "de courtes durées" et d'amplitudes élevées démontrant la présence d'échos de défauts. L'exploitation d'un tel signal revient à déterminer la position exacte des différents pics afin d'estimer la localisation des différents défauts dans la pièce.

Dans la deuxième partie de ce travail, nous avons implémenté deux méthodes de déconvolution semi aveugle. A savoir la déconvolution utilisant la minimisation d'une norme L^2 et la déconvolution de processus Bernoulli-gaussiens. Les résultats obtenus par ces méthodes sont très proches et sont jugés très efficaces. Dans la détection des défauts de délaminage des matériaux composites, nous avons constaté que la position de ce défaut dans le matériau, influe beaucoup sur les résultats de localisation. Ainsi, le délaminage proche de la face avant n'est pas détecté et localisé de la même manière que celui proche de la face arrière du matériau examiné. Nous avons obtenu une précision de 42% de détection de défaut de délaminage proche de la face avant par la déconvolution BG sur un parcours de 0.63mm, ce résultat est considéré comme un résultat peu satisfaisant. Quant au positionnement du défaut de délaminage proche de la face arrière a été obtenu avec une précision de 13.9%. Enfin, la mesure de l'épaisseur du CFRP (2.73 mm) est obtenue avec une précision inférieure à 4%. Ces résultats ont fait l'objet d'une publication dans le journal « International Journal for Simulation and Multidisciplinary Design Optimization » [85].

Dans la dernière partie du travail, nous avons traité le problème de déconvolution aveugle. Nous avons traité dans un premier temps, les méthodes de déconvolution aveugle de la famille Déconvolution à Minimum d'Entropie. Ces méthodes recherchent de manière itérative le filtre inverse sous la forme Moyenne Ajustée. Les essais effectués nous ont permis de montrer que les algorithmes implémentés permettent une bonne localisation des échos de défauts même si le signal obtenu présente quelques échos indésirables. Nous avons obtenu une précision inférieure à 11% dans la mesure d'épaisseur et une précision inférieure à 19% dans la détection de délamination proche de la face avant. Quant à la détection de délamination proche de la face arrière nous avons obtenu une précision inférieure à 14% [105].

Ensuite, nous avons traité le problème par une méthode de déconvolution aveugle basée sur les réseaux de neurones. Les résultats obtenus par cette méthode sont très satisfaisant puisque nous avons obtenu une détection des échos quelque soit le niveau de bruit d'entrée. Néanmoins, cette méthode nécessite un apprentissage très lourd en temps de calcul et en nombre de signaux. La base de données doit être la plus proche de la réalité, c'est-à-dire, constituée de signaux réels provenant de matériaux ayant un bruit de structure similaire au matériau test. Nous avons obtenu une précision inférieure à 3% dans la mesure d'épaisseur des matériaux composites et une précision de 6% dans la détection de délamination proche de la face avant. Quant à la détection de délamination proche de la face arrière nous avons une précision de 12.6%.

Enfin, les résultats obtenus par la méthode de déconvolution basée sur un modèle analytique sont les meilleurs. Cette méthode donne entière satisfaction dans la détection et la localisation des défauts de délaminage. En effet des précisions inférieures à 6% pour le défaut proche de la face avant et 13% pour le défaut proche de la face arrière. Quant à la mesure de l'épaisseur du CFRP est inférieure à 3%. Des précisions inférieures à 15% sont considérées comme très acceptables par les experts en CND. Ces résultats considérés très satisfaisants, sont publiés dans la revue Ultrasonics [15].

Cette étude a permis de montrer qu'une adaptation des méthodes de déconvolution appliquées en traitement du signal peut apporter des solutions efficaces au problème d'expertise automatique de données ultrasonores. Ces résultats encourageants ouvrent des perspectives intéressantes.

REFERENCES BIBLIOGRAPHIQUES

1. Mix, P.E., *"Introduction to nondestructive Testing"*, A John Wiley & Sons, Inc., Publication, 2005.

2. Maldague, Xavier., *"Advances in Signal Processing for Non Destructive Evaluation of Materials"*, Kluwer Academic publishers,1994.

3. Idier, J., Piet-Lahanier, H., Le Besnerais, G. and Champagnat, F., *"Traitement numérique du signal. Deuxième partie : Algorithmes"*, Bases mathématiques, cours, ONERA, Paris, 1993, révisé en 2004.

4. Kern, M., *"Problèmes Inverses"*, INRIA, 2002–2003.

5. Gonzhlez, G., Badra, R.E., Medina, R. and Regidor, J., *"Period estimation using minimum entropy deconvolution (MED)"*, Signal Processing, vol 41, pp 91-100, 1995.

6. Unluturk, M., and Saniie, J., *"Neural Networks For Ultrasonic Grain Size Discrimination"*, IEEE Ultrasonics Symposium Proceedings, pp 669-672, 1996.

7. NANDI, A. K., MAMPEL, D. and ROSCHER, B., *"Blind deconvolution of ultrasonic signals in nondestructive testing applications"*, IEEE Trans. on Signal Processing, vol. 45 (5), pp. 1382-1390, Mai 1997.

8. Kaaresen, K. F., and Taxt, T., *"Multichannel blind deconvolution of seismic signals"*, Geophysics, vol. 63, N°6, pp. 2093–2107, November-December 1998.

9. Kaaresen, K. F. and BØlviken, E., *"Blind Deconvolution of Ultrasonic Traces Accounting for Pulse Variance"*, IEEE Transactions on Ultrasonics, Ferroelectrics, and Frequency Control, vol. 46, N° 3, may 1999.

10. Demirli, R. and Saniie, J., *"Model-Based Estimation of Ultrasonic Echoes Part II: Non destructive Evaluation Application"*, IEEE Trans Ultrason Ferroelect Freq Contr, vol 48(3), pp803-811. May 2001.

11. Kim, D., *"Classification of ultrasonic NDE signals using the EM and LMS algorithms"*, Materials Letters 59, pp 3352 – 3356, 2005.

12. Kim, T. and Lee, K., *"Estimation of relative recharge sequence to groundwater with minimum entropy deconvolution"*, Journal of Hydrology 311, pp. 8–19, 2005.

13. Liu, Q., Que, P., Guo, H. and Shoupeng, S., *"Denoising Ultrasonic Signals Using Blind Source Separation: Computer Simulation"*, IEEE Ultrasonics Symposium, pp 1805-1807, 2005.

14. Endo, H. and Randall, R.B., *"Enhancement of autoregressive model based gear tooth fault detection technique by the use of minimum entropy deconvolution filter"*, Mechanical Systems and Signal Processing 21, pp 906-919, 2007.

15. Benammar, A., Drai, R., and Guessoum, A., *"Detection of delamination defects in CFRP materials using ultrasonic signal processing"*, Ultrasonics Elsevier, vol 48, pp. 731–738, 2008.

16. Boumahdi, M., Glangeaud, F. et Lacoume, J.L., *"Déconvolution aveugle en sismique utilisant les statistiques d'ordre supérieur"*, Quatorzième colloque GRETSI, pp 89-92, 1993.

17. Abeyratne, U. R., Petropulu, A.P. and Reid, J.M., *"Higher order spectra based deconvolution of ultrasound images"*, IEEE Trans. on Ultra. Ferro . and Freq. cont., vol 42 (6), pp. 1064-1075, Nov 1995.

18. Goussard, Y., *"Blind deconvolution of sparse spike trains using stochastic optimization"*, IEEE, pp 593-596, 1992.

19. Kailath, T., *"A view of three decades of linear filtering theory"*, IEEE trans. on information theory, vol . 20 (2), pp. 146-180, Mars 1974.

20. Guerchaoui, A., Balluet, J. C. & Lacoume J. L., *"Etude comparative des principales méthodes de déconvolution sur des données de type sismique"*, Traitement du Signal, vol . 6 (3), pp. 187-203, 1989.

21. Ghouti, L., *"Higher-Order Statistics (HOS)-Based Deconvolution For Ultrasonic Nondestructive Evaluation (NDE) Of Materials"*, Thèse Master en sciences, Faculty Of The College Of Graduate Studies King Fahd University Of Petroleum & Minerals, Dhahran, Saudi Arabia, 1997.

22. Xin, J., *"Detection and resolution of multiple targets using time-frequency and deconvolution techniques"*, Thèse Ph.D, Drexel University, 1994.

23. Bulo, M. et Simard, P., *"Quelques résultats expérimentaux concernant deux approches différentes du problème de déconvolution myope"*, Quatorzieme Colloque GRETSI - Juan-Les-Pins, pp575-578, Du 13 Au 16 Septembre 1993.

24. Hayward, G. and Lewis, J. E., *"Comparison of some non-adaptive deconvolution techniques for resolution enhancement of ultrasonic data"*. Ultrasonics, 27, pp.

155-164, 1989.

25.   Sallard, J., *"Etude d'une méthode de deconvolution adaptee aux images ultrasonores"*, Thèse de Doctorat, Institut National Polytechnique de GRENOBLE, 1999.

26.   Sin, S. K. and Chen, C. H., *"A comparison of deconvolution techniques for the ultrasonic nondestructive evaluation of materials"*, IEEE Trans. On Image Processing, (1), pp 3-10, January 1992.

27.   Bulo, M., Mottelet S. and Simard, P., *"Comparaisons d'algorithmes de deconvolution pour l'analyse et la classification des signaux d'echographie ultrasonore"*, Treizième Colloque GRETSI Juan-Les-Pins, p89-92, Du 16 Au 20 Septembre 1991.

28.   Nandi, A.K., Mampel, D. and Rosher, B., *"Comparative study of deconvolution algorithms with applications in non-destructive testing"*, In IEE Colloquim on Blind Deconvolution - Algorithms and Applications, September 1995.

29.   Neal, S.P., Speckman, P.L. and Enright, M.A., *"Flaw Signature Estimation in Ultrasonic Nondestructive Evaluation Using the Wiener Filter with Limited Prior Information"*, IEEE Transactions On Uitrasonics, Ferroelectrics, And Frequency Control. Vol. 40, $N°. 4$, pp347-353, Juin 1993.

30.   Kormylo, J.J. and Mendel, J.M., *"Mazimum likelihood detection and estimation of Bernouilli-Gaussian processes"*, IEEE trans. on information theory, vol. 28 (3), pp 482-488. Mai 1982.

31.   Cardoso, G. and Saniie, J., *"Performance Evaluation of DWT, DCT, and WHT for Compression of Ultrasonic Signals"*, IEEE International Ultrasonics, Ferroelectrics, and Frequency Control Joint 50th Anniversary Conference, pp. 2314-2317, 2004,

32.   Cardoso, G. and Saniie, J., *"Ultrasonic Data Compression via Parameter Estimation"*, IEEE transactions on ultrasonics, ferroelectrics, and frequency control, vol. 52, no. 2, february 2005.

33.   Cardoso, G. and Saniie, J., *"Adaptive Thresholding Technique for Denoising Ultrasonic Signals"*, IEEE Ultrasonics Symposium, 2005.

34. Pardo, E., San Emeterio, J.L., Rodriguez, M.A. and Ramos, A., *"Noise reduction in ultrasonic NDT using undecimated wavelet transforms"*, Ultrasonics 44, pp1063–1067. 2006.

35. Ruiz-Reyes, N., Vera-Candeas, P., Curpia Alonso, J., Mata-Campos, R. and Cuevas-Martinez, J.C., *"New matching pursuit-based algorithm for SNR improvement in ultrasonic NDT"*, NDT&E International 38, pp 453–458, 2005.

36. Ruiz-Reyes, N. Vera-Candeas, P., Curpia Alonso, J., Cuevas-Martinez, J.C. and Blanco-Claraco, J.L., *"High-resolution pursuit for detecting flaw echoes close to the material surface in ultrasonic NDT"*, NDT&E International, Vol 39, pp 487–492, 2006.

37. Izquierdo, M.A.G., Hern_andez, M.G., Graullera, O. and Ullate, L.G., *"Time–frequency Wiener filtering for structural noise reduction"*, Ultrasonics, vol 40, pp 259–261, 2002.

38. Honarvar, F., Sheikhzadeh, H., Moles, M. and Sinclair, A. N., *"Improving the time-resolution and signal-to-noise ratio of ultrasonic NDE signals"*, Ultrasonics, vol 41, pp755–763, 2004.

39. Vicen, R., Gil, R., Jarabo, P., Rosa, M., Lopez, F. and Martınez, D., *« Non-linear filtering of ultrasonic signals using neural networks"*, Ultrasonics, vol 42, pp355–360, 2004.

40. Gil, R., Vicen, R., Rosa, M., Jarabo, M.P., Vera, P. and Curpian, J., *"Ultrasonic flaw detection using radial basis function networks (RBFNs)"*, Ultrasonics, vol 42, pp 361–365. 2004.

41. Margrave, F.W., Rigas, K., Bradley, D.A., Barrowcliffe, P. *"The use of neural networks in ultrasonic flaw detection"*, Measurement 25, pp 143–154, 1999.

42.   Lu, Y., Demirli, R., Cardoso, G. and Saniie, J., *"Chirplet Transform for Ultrasonic Signal Analysis and NDE Applications"*, IEEE Ultrasonics Symposium, 2005.

43. Lu, Y., Demirli, R. and Saniie, J., *"A Comparative Study of Echo Estimation Techniques for Ultrasonic NDE Applications"*, IEEE Ultrasonics Symposium, 2006.

44. Fritsch, C. and Veca, A., *"Detecting small flaws near the interface in pulse-echo"*, Ultrasonics, vol 42, pp797–801, 2004.

151

45. Kim, Y.H., Song, S.J. and Kim, J.Y., *"A new technique for the identification of ultrasonic flaw signals using deconvolution"*, Ultrasonics, vol 41, pp 799–804, 2004.

46. Olofsson, T. and Stepinski, T., *"Maximum a posteriori deconvolution of sparse ultrasonic signals using genetic optimization"*, Ultrasonics 37, pp 423-432, 1999.

47. Drai, R., *"Techniques de traitement des signaux ultrasonores appliquées au contrôle non destructif des matériaux"*, Thèse de Doctorat en Electronique, Université des Sciences et de la Technologie Houari Boumediene USTHB – ALGER, 2005.

48. Kazys, R. and Svilainis, L., *"Ultrasonic detection and characterization of delaminations in thin composite plates using signal processing techniques"*, Ultrasonics, vol 35, pp 367-383, 1997.

49. Zhenqing, L., *"Flaw echo location based on the wavelet transform and artificial neural network"*, 15th WCNDT, 2000.

50. Berkhout, A.J., *"Least-squares inverse filtering and wavelet deconvolution"*, Geophysics, vol 42, pp 1369-1383, 1977.

51. Demoment, G. and Saint-felix, D., *"Deconvolution discrete en temps reel"*, Huitième colloque sur le traitement du signal et ses applications, Nice du 1 au 5 juin 1981.

52. Xia, J., Franseen, E. K., Miller, R. D., Weis, T. V. and Byrnes, A. P., *"Improving ground-penetrating radar data in sedimentary rocks using deterministic deconvolution"*, Journal of Applied Geophysics 54, pp15-33, 2003.

53. Morhac, M., *"Deconvolution methods and their applications in the analysis of γ-ray spectra"*, Nuclear Instruments and Methods in Physics Research A 559, pp119–123, 2006.

54. Snieder, R. and Trampert, J. *"Inverse Problems In Geophysics"*, Dept. of Geophysics, Utrecht University, Netherlands. 1999.

55. Ramm, A. G., *"Inverse problems: mathematical and analytical techniques with applications to engineering"*, Springer Science, 2005.

56. HUNT, B. R., *"A theorem on the difficulty of numerical deconvolution"*, IEEE trans. on audio and electro acoustics, Vol . 20, pp 94-95, Mar 1972.

57. Xingkang, L., *"Blind deconvolution"*, Ph.D, Vanderbilt University, 1994.

58.   Zhu, Y. and Weight, J.P., *"Ultrasonic Nondestructive Evaluation of Highly Scattering Materials Using Adaptive Filtering and Detection"*, IEEE Transactions On Ultrasonics, Ferroelectrics, And Fuequency Control, vol. 41, N° 1, January 1994.

59.   Unluturk, M.S. and Saniie, J., *"Deconvolution Neural Networks for Ultrasonic Testing"*, IEEE Ultrasonics Symposium, pp715-719, 1995.

60.   O'Brien, M.S., Sinclair, A.N. and Kramer, S.M., *"High resolution deconvolution using least-absolute-values minimization"*, Ultrasonics Symposium, pp1151-1156, 1990.

61.   Hunt, B. R., *"Deconvolution of linear systems by constrained regression and its relationship to the Wiener theory"*, IEEE trans. on automatic control, vol 17, pp. 703-705, Oct, 1972.

62.   Bickel, S. H., Martinez, D. R., *"Resolution performance of Wiener filters"*, Geophysics, vol 48 (7), pp. 887-899,1983.

63.   Umesh, S. and Tufts, W., *"Estimation of parameters of exponentially damped sinusoids using fast maximum likelihood estimation with application to NMR spectroscopy Data"*, IEEE trans. on signal processing, Vol . 44 (9), pp. 2245-2259, Sept. 1996,

64.   Champagnat, F., Idier, J. and Demoment, G., *"Deconvolution of sparse spike trains accounting for wavelet phase shifts and colored noise"*, Proc. Int. Conf. ASSP 93, vol 3, pp. 452-455, 1993.

65.   Gautier, S., Idier, J., Champagnat, F., Mohammad-Djafari A. et Lavavayssiere, B., *"Traitement d'échogrammes ultrasonores par déconvolution aveugle"*, Seizième colloque GRETSI, Grenoble, pp. 1431-1434, 1997.

66.   Yarlagadda, R., Bednar, J.B. and Watt, T.L., *"Fast algorithms for L^P deconvolution"*, IEEE trans. on ASSP, 33, 1985.

67.   Bee bednar, J., Yarlagadda, R. and Watt, T., *"L1 Deconvolution and Its Application to Seismic Signal Processing"*, IEEE Transactions On Acoustics, Speech, And Signal Processing, Vol. ASSP-34, NO. 6, pp1655-1658, December 1986.

68.   Mottelet, S. and Simard, P. *"A Fast Sequential Algorithm for L2 Deconvolution"*, Traitement du Signal, Volume 11 - n° 5, 1994.

69. O'Brien, M.S., Sinclair, A. N. and Kramer, S.M., *"Recovery of a Sparse Spike Time Series by L1 Norm Deconvolution"*, IEEE Transactions on Signal Processing, Vol. 42. N°. 12. pp3353-3365, DECEMBER 1994.

70. Xin, J., and Bilgutay, N.M., *"Ultrasonic Range Resolution Enhancement Using L1 Norm Deconvolution"*, Ultrasonics Symposium, pp 711-714, 1993.

71. Taylor, H. L., Bank, S. C. and Mecoy, J. F., *"Deconvolution with the L^1 norm"*. Geophysics, 44, 1979.

72. Bresler, Y. and Macovski, A., *"Exact maximum likelihood parameter estimation of superimposed exponential signals in noise"*, IEEE Trans. on Acoustics, Speech and Signal Processing, Vol . 34 (5), pp. 1081-1089, Oct . 1986.

73. Goutsias, J. and Mendel, J.M., *"Maximum-likelihood deconvolution: an optimization theory perspective"*, Geophysics, Vol. 51 (6), pp. 1206-1220, Juin 1986.

74. Chi, C.Y. and Mendel, J.M., *"Improved Maximum-Likelihood detection and estimation of Bernoulli-Gaussian processes"*, IEEE trans. on information theory, vol. 30 (2), pp. 429-435, Mar. 1984.

75. Chi, C.Y., *"A fast maximum-likelihood estimation and detection algorithm for Bernoulli-Gaussian processes"*, IEEE trans. on acoustics, speech and signal processing, vol . 35 (11), pp. 1636-1639, Nov. 1987.

76. Giannakis, G., Mendel, J. and Zhao X., *"A fast prediction-error detector for estimating sparse-spike sequences"*, IEEE trans. on Geoscience and Remote Sensing, vol. 27 (3), pp. 344-351, Mai 1989.

77. Goussard, Y. et Demoment, G., *"Détection-estimation récursive rapide de séquences Bernoulli-gaussiennes"*, Traitement du Signal, vol. 4 (5), pp. 377-388, 1987.

78. Goussard, Y., Demoment, G. et Grenier, Y., *"Déconvolution de processus multi-impulsionnels par algorithmes rapides: approches AR et MA"*, Onzième colloque GRETSI, pp. 761-764, 1987.

79. Goussard, Y. et Demoment, G., *"Déconvolution de processus impulsionnels avec calcul exact d'un critère MAP"*, Douzième colloque GRETSI, Juin 1989, pp. 161-164.

80. Goussard, Y., Demoment, G. and Idier, J., *"A new algorithm for iterative deconvolution of sparse spike trains"*, Proc. Int. Conf. ASSP 90, Albuqueque, New Mexico, Avr. 1990, pp. 1547-1550.

81. Idier, J. and Goussard, Y., *"Stack algorithm for recursive deconvolution of Bernoulli-Gaussian processes"*, IEEE trans. on geoscience and remote sensing, vol. 28 (5), Sep. 1990, pp. 975-978.

82. Champagnat, F. et Idier, J., *"Un nouvel algorithme de déconvolution impulsionnelle avec prise en compte des saturations"*, Quatorzième colloque GRETSI, Sep. 1993, pp. 559-562.

83. Chi, C. Y., *"A robustness test for the MVD filter and MLD algorithm"*, IEEE Trans. on geoscience and remote sensing, vol. 29 (2), Mar. 1991, pp. 340-342.

84. Chi C. Y., *"Performance of the SMLR deconvolution algorithm"*, IEEE trans. on signal processing, vol. 39 (9), Sep. 1991, pp. 2082-2085.

85. Benammar, A., Drai, R., Kechida, A. and Guessoum, A., *"Deconvolution of ultrasonic echoes using bernoulli-Gaussian Processes for composite materials inspection"*, International Journal for Simulation and Multidisciplinary Design Optimization vol 2, 107–111 (2008).

86. Kormylo, J.J. and Mendel, J.M., *"Maximum-Likelihood Seismic Deconvolution"*, IEEE Transactions On Geoscience And Remote Sensing, vol. Ge-21, N°. 1, January 1983.

87. Kollias, S. and Halkias, C., *"An instrumental variable approach to minimum-variance seismic deconvolution"*, IEEE Trans. On Geoscience and Remote Sensing, vol. 23 (6), Nov. 1985, pp. 778-788.

88. Cabrelli, C. A., *"Minimum entropy deconvolution and simplicity: A noniterative algorithm"*, Geophysics, Vol. 50. NO. 3 (March 1984); P. 394-413.

89. Walden, A.T. *"Non-gaussian reflectivity, entropy, and deconvolution"*, Geophysics, vol 50 n°12, pp. 2862-2888, 1985.

90. Sacchi, M. D., Velis, D. R. and Cominguez, A. H. *"Minimum entropy deconvolution with frequency-domain constraints"*, Geophysics, Vol. 59, N°. 6 (JUNE 1994), pp. 938-945.

91. Namba, M. and Ishida, Y., *"Wavelet transform domain blind deconvolution"*, Elsevier, Signal Processing 68 (1998) 119-124.

92. Demirli, R. and Saniie, J., *"Parameter estimation of multiple interfering echoes using the SAGE algorithm"*. IEEE Ultrason Symp, 1998, vol. 1, pp. 831-834.

93. Demirli, R. and Saniie, J., *"Model Based Time-Frequency Estimation Of Ultrasonic Echoes For NDE Applications"*. IEEE, Ultrasonics Symposium, pp785-788, 2000.

94. Bailly, G., *"Déconvolution de signaux échographiques : approches déterministe et statistique"*, Mémoire D'Ingénieur Centre Régional Associe De Montpellier.

95. Jain, A. K., Mao, J. and Mohiuddin, K.M., *"Artificial neural networks: A tutorial"*, Computer, IEEE 1996.

96. Touzet, C., *"Les Reseaux De Neurones Artificiels"*, Juillet 1992.

97. Parizeau, M., *"Réseaux de neurones"*, Automne 2004, Université Laval.

98. Karayiannis, N.B. and Venetsanopoulos, A.N., *"Artificial Neural Networks : Learning Algorithms, Performance Evaluation, and Applications"*, Kluwer Academic publishers, 1993.

99. Benammar, A., Drai, R., Kechida, A. and Guessoum, A., *"Detection of Ultrasonic closer flaws using Nonlinear signal processing"*, Acoustics'08, June 29-July 4, 2008, Paris, France.

100. Mendel, J.M., *"Optimal Seismic Deconvolution: An Estimation-Based Approach"*, Academic Press, NY, 1983.

101. Demirli, R. and Saniie, J., *"Model-Based Estimation of Ultrasonic Echoes Part I: Analysis and Algorithms"*. IEEE Trans Ultrason Ferroelect Freq Contr, May 2001; vol 48(3), p.787-802.

102. Kay, S.M., *"Fundamentals of Statistical Signal Processing"*. Prentice Hall, 1993.

103. Feder, M. and Weinstein, E., *"Parameter estimation of superirnposed signals using the EM algorithm"*, IEEE Trans. Acoust. Speech Signal Processing, vol. 36, n°4, pp. 477-489, Apr. 1988.

104. Moon, T.K., *"The expectation–maximization algorithm"*, IEEE Signal Processing Magazine, Nov (1996) 47–60.

105. Benammar, A., Drai, R. and Guessoum, A., *"Ultrasonic Inspection of Composite Materials using Minimum Entropy Deconvolution"*, Materials Science Forum vols. 636-637 (2010) pp 1555-1561.

www.ingramcontent.com/pod-product-compliance
Lightning Source LLC
Chambersburg PA
CBHW021057210326
41598CB00016B/1244